给孩子的
生活技能养成课

Cooking Class for Kids

曾雅盈
罗元助 /著

青岛出版社
QINGDAO PUBLISHING HOUSE

图书在版编目（CIP）数据

小小孩的烘焙练习课 / 曾雅盈, 罗元助著. -- 青岛:青岛出版社, 2019.5
ISBN 978-7-5552-8308-9
Ⅰ. ①小… Ⅱ. ①曾… ②罗… Ⅲ. ①烘焙—糕点加工—儿童读物 Ⅳ. ①TS213.2-49
中国版本图书馆CIP数据核字(2019)第090549号

书　　名　小小孩的烘焙练习课
著　　者　曾雅盈　罗元助
出版发行　青岛出版社
社　　址　青岛市海尔路182号（266061）
本社网址　http://www.qdpub.com
邮购电话　13335059110　0532-68068026
责任编辑　逄　丹
特约编辑　宋总业
制　　版　青岛帝骄文化传播有限公司
印　　刷　青岛北琪精密制造有限公司
出版日期　2019年6月第1版　2019年6月第1次印刷
开　　本　16开（710毫米 × 1010毫米）
印　　张　15.5
字　　数　140千
图　　数　414幅
书　　号　ISBN 978-7-5552-8308-9
定　　价　49.80元

编校印装质量、盗版监督服务电话：4006532017　0532-68068638
建议陈列类别：亲子教育类 · 美食类

[自 序]

烘焙，在转角的面包房萌芽

喜欢是勇气和动力，不试一下就不会知道结果，
十岁的我鼓起勇气走进面包店，
向老板询问是否可以卖一些原料给我。
……

厨房一直是我喜欢待的空间，尤其是有烤箱的厨房。

小学四年级时家里买了一台烤箱，那是可以烤一只全鸡的大烤箱，记得刚开始还在兴头上，每隔几日就会买只小土鸡，洗净后抹盐，串起放入烤箱，烤到外皮金黄焦脆，香气溢出，就可以出炉了。预热、洗净、抹盐、入烤箱，简单四个步骤就可以做出美味，我顿时对烤箱产生了莫名的好感，心想，一定要好好研究一下这好用的透明箱子。

我开始收集从报纸杂志上看到的烤箱食谱，也知道蔬果、肉类、香料等要到哪里采购，可奶油、酥油、白油这些材料却难倒了我，在那个超市、烘焙店还不普及的年代，这还真是个难题。

苦思了几天，灵光一现，小巷转角的面包房一定有这些东西。喜欢是勇气和动力，不试一下就不会知道结果，十岁的我鼓起勇气走进面包店，向老板询问是否可以卖一些原料给我。或许是因为那时年纪小，老板没有拒绝我，反而大方地邀请我进入忙碌的厨房自行分装。从此面包房变成我的原料供应商，厨房里的小师傅成了我做烘焙点心的家教，我总会趁着采买材料时进入厨房讨教一番。

于是，这台烤箱便开始不定期地出炉各式中西式点心。从只要将材料搅拌均匀、整形后就可以压模烘烤的饼干开始，中秋应景的蛋黄酥、热门的葡式蛋挞、带有微辣口感的咖喱饺、有着美丽外形的菊花酥便陆续出炉。这些在面包房贩售的各式小点，我都会借着添购原料时向我的烘焙小师傅讨教，记下笔记回家自己练功。

家里厨房放置烤箱的一角，成了我的小小实验室，成了玩真实的“过家家”的游戏区，课余闲暇便窝进去尝试制作新的产品。长大一些，可以熟练地在手里把玩面团之后，我便开始挑战糊状的蛋糕，每当亲朋好友过

生日时，我都会亲手烤一个戚风蛋糕，切出夹层夹入水果馅料，在表层再抹上打发好的鲜奶油作装饰，最后放入蛋糕盒，包装成美丽的礼物后快递给亲友，这样的过程让我觉得有趣极了，乐此不疲。

现在回想起来，如果没有十岁时的第一台烤箱，就不会开发我的烘焙兴趣；如果转角面包房无法提供选购材料的环境，这样的兴趣可能在刚萌芽时就因无米可炊而难以继续，当然因兴趣而产生开口问的勇气也一起成就了这件事。

当我在构思这本书的架构时，小时候种种有趣的经历一一浮现，如何引发小小孩的好奇心，才能让其很想学习做点心呢？香气、美味、有趣，过程富有挑战性又有成就感，缺一不可。因此，本书分成三个部分：

第一部分 发现美好的味道

希望以香气引发小小孩学习的欲望，每一课的练习主题都融入了一些烘焙上的技巧，从成功率最高的延压饼干到制作蛋糕，这一部分复制了很多我小时候的自学过程，之后每一课里小小孩都会重复应用先前得到的经验。

第二部分 寻找散落的酵母

加入酵母的面团需要注意更多细节，温度、湿度与时间的变化关系会影响成品外观与口感，和孩子一起观察，让小小孩在知其然之外，也要知其所以然，知道了事情的来龙去脉，方便日后用相似的经验推理总结。

第三部分 野外烘焙趣

提供了几个亲子露营野炊时的烘焙方案，在没有烤箱的环境下，如何才能制作出相似口感的成品，当然这可以在任何情境下复制练习，不一定要在露营的时候，或许是自己家的客厅、阳台、前庭、后院，都是增进亲子烘焙乐趣的好地点。

本书聚焦亲子烘焙的过程，希望把饮食教育和美感熏陶也融入有趣的制作过程中，当找到属于自己的烘焙节奏时，你会发现学习的着手点俯拾皆是，甚至可在这些基础上与孩子深入探索其他配方，尽情发挥自己的创意。

[前言]

关于烘焙，小小孩有太多可以学习的事

我那小小的手握着勺子，学着奶奶，继续在飘着热气的桶子里搅拌，
小心翼翼地体验这简单却又不能马虎的动作。
耳旁传来奶奶的叮咛和要求，我听着，学着，从一开始到最后……

教室里的烤箱飘来阵阵烤面包的香味，孩子们一张张期待盼望的脸庞，眼巴巴望着烤箱，嘴里叽叽喳喳讨论着，这样的景象，把我拉回到小时候……

我是奶奶一手带大的，总是在奶奶身边跑前跑后，奶奶的手艺、奶奶传承的味道，都依稀留在我脑海里。记得小时候，每到过节，家里总要应景地准备些特别的食物，像是端午节的肉粽、春节的萝卜糕和碗粿。节日里大人忙得不可开交，但却是我最喜欢的日子，因为我可以待在奶奶身边凑热闹，看着她张罗，听她说着那些传统的故事。

记得做碗粿时，奶奶的手总是来来回回不停地搅拌，桶子上方不断冒出热气，空气里弥漫着浓浓的米香。我等啊盼啊，多希望奶奶可以让我帮忙，终于在温度慢慢降低后，奶奶喊了我，我那小小的手握着勺子，学着奶奶，继续在飘着热气的桶子里搅拌，小心翼翼地体验这简单却又不能马虎的动作。耳旁传来奶奶的叮咛和要求，我听着，学着，从一开始到最后，奶奶都有自己的坚持，对于每个环节都严格要求。我记得她一定要用淡蓝色的瓷碗装，觉得碗粿就是要搭配这样的碗才好看也才好吃。当时我虽然不懂奶奶的坚持，但在耳濡目染下，我似乎也学着对事物有所坚持，尽其所能呈现最好的成果。

很幸运地，这学期和四岁的孩子们一起认识烘焙，研究烘焙的知识，

从认识面粉开始，然后揉面团、烘烤面包等。在这个过程中，孩子得自己学习使用磅秤，精准称量所需要的食材；在控制数量多与少的体验里，建立了数字与单位的概念。当孩子在判断面团是否揉好时，必须仔细观察搅拌缸，评估面团表面是否足够光滑、用手触摸是否黏手；在面团塑形时，孩子用手进行揉、捏、编等各项动作。生活中处处是学习，做中学，学中做，孩子们在实际操作的同时，既是享受，也是学习。

有时候会听到家长说不知道怎么跟自己的孩子相处，不晓得怎么带孩子。我都建议家长们带着孩子一起做事，这是再好不过的安排。从做事中学着懂事，学会道理，学会生活。这本书是很好用的工具书，它能让爸爸妈妈知道怎么带着孩子一起玩烘焙，也能了解一些要注意的小诀窍，让爸爸妈妈更能得心应手，开心地与孩子互动。

自 序 | 烘焙，在转角的面包房萌芽 曾雅盈 3

前 言 | 关于烘焙，小小孩有太多可以学习的事 罗元助 5

第一部分 发现美好的味道

【饼干与蛋糕】

第1课 一个香气的起点 ……… 12

延压饼干 | 3岁

综合小西饼 23 / 椰香饼干 24

[专题] 从采购开始的烘焙课 26 / 认识食谱里的材料 28

第2课 化在口里的酥松圆球 ……… 30

用手塑形的饼干 | 3岁

希腊雪球 43 / 黑糖榛果球 44 / 奶酪胡椒球 45

[专题] 分辨大小，有均分概念 46 / 增进手部肌肉发展 47

第3课 一抹成脆片 ……… 48

用汤匙塑形的饼干 | 4岁

杏仁瓦片 59 / 柠檬椰子薄片 60

[专题] 增进手眼协调能力 61 / 培养有始有终的工作态度 62

注：每一课中标注的年龄为文中参与示范的孩子年龄，并非只适合此年龄，在此年龄之上的孩子均可实践这些课程。

第 4 课 **包进酥皮里的四季蔬果** ……… 64

酥皮派 | 3～4 岁

燕麦苹果派 81 / 蔬菜培根咸派 82

[专题] 了解酥皮与饼干的相似性 84

了解水果内馅的处理过程 85

第 5 课 **把奶油卷进松软蛋糕里** ……… 86

戚风蛋糕 | 4 岁

南瓜戚风蛋糕 105 / 牛奶戚风蛋糕卷 106

[专题] 容器与成品 108 / 学习称与量 109

第 6 课 **为蛋糕淋上美丽外衣** ……… 110

装饰蛋糕 | 4 岁

巧克力甘纳许蛋糕 125 / 老奶奶柠檬蛋糕 126

[专题] 建立多与少、快与慢的概念 128

培养解决问题的能力 129

第 7 课 **在蛋糕与面包之间** ……… 130

司康、比司吉 | 4 岁

原味司康 144 / 南瓜司康 145 / 鲜奶酵母比司吉 146

[专题] 分辨不同筋性的面粉 147 / 增进口感分辨能力 148

认识发酵的作用 148

第二部分 **寻找** 散落的酵母

【面包与天然酵母】

第 8 课 **完美的快速面包** ……… 152

快速酵母直接法面包 | 3 岁

鸡蛋牛奶吐司 167 / 奶酥葡萄干小餐包 168

[专题] 理解面团膨胀的原因 169

能够完成面团分割滚圆，有等分概念 170

第 9 课 为面包多加一点风味 ……… 172
中种法面包｜4 岁
庞多米吐司 186 / 芋泥吐司卷 187
[专题] 知道温度与发酵的关系 188
学会不同的面团整形方法 189

第 10 课 来自天然的馈赠 ……… 190
天然酵种面包｜3～4 岁
巧克力豆豆面包 204 / 桂圆核桃面包 206
[专题] 建立时间概念 207
知道如何使用酵母液制作酵种 209

第三部分 野外 烘焙趣
【野餐与露营】

第 11 课 烘焙无疆界 ……… 212
用瓦斯炉玩烘焙｜3～4 岁
水煎包 225 / 野菜比萨 226
[专题] 增进团体合作能力 228 / 培养随机应变的能力 230

第 12 课 野炊中的从容优雅 ……… 232
多一点美丽元素｜3～4 岁
舒芙蕾松饼 243 / 法式吐司 244
[专题] 增进对美的感知力 245 / 培养主动帮忙的精神 246

第一部分

发　现

美好的味道

从最简单的压模饼干开始循序渐进，从零失败的经验中创造美好味道的印记，让小小孩充满成就感后，在每一课加入一项新的学习目标，在面团由硬→软→糊状的过程中，让孩子在旧经验的基础上学会新的制备技巧，再悄悄地加入教养元素。

第1课

一个香气的起点

延压饼干—3岁

综合小西饼 椰香饼干

烤箱里飘出浓郁的黄油香。前夜趁空闲时间揉了一块饼干面团，放在冰箱里冷藏了一晚，午后回温之后随意地压模成型，刷上蛋液放入烤箱。我带着心机希望孩子们可以闻香而入。

西饼盒里的各式小西点中，我最青睐的就是奶香味十足的厚实小西饼了，朴实而不花哨，用天然纯粹的黄油、蛋、糖与面粉混合搅拌成团，烘烤后的美拉德反应成就了引人食欲的各式小点。在这个基础上，若加入自己喜爱的谷物片、坚果、果干，就可创造出不同风味的饼干，是只需一个大钵就能驾驭的入门甜点。

凡事喜欢自己动手的三岁孩子，对学习充满热情。我想把烘焙的“种子”放在预设情境里，引起小小孩的好奇心之后再将他们一网打尽，希望达到事半功倍的效果。

“哇！为什么这里这么香啊？是在烤饼干吗？”

在香气散发的10米内，一群小小孩正好经过，对于这不常出现的味道，感到有些好奇。

“这味道真香，好想吃。”

小小孩寻味接近，开始发表想法。

“是漂亮妈妈在烤饼干！我好想学，可以教我吗？我想烤给妈妈吃。”

三岁小女孩被香气引诱，激发了学习动机。

“可以学吗？我也想要玩，之前妈妈在家教过我，我觉得做饼干好好玩。”

有过做饼干经历的小小孩正在分享自己的快乐经验。

愉悦的电波被快速地传送着，
霎时，我像明星似的被一群小小孩包围。

香气加上愉快的经验分享，小小孩争先报名要上我的烘焙课，看来我的小心机已形成学习的“蝴蝶效应”，这课未开就已拥有众多小“粉丝”，小小孩除了表示想学做好吃的饼干，也顺道替家中其他成员预约了课程。

我引诱来的小小学员正要开始他们的甜点初体验，桌上放着称量好的材料，我请孩子们闻闻看是什么味道。

“香香的，好好闻，很好吃的味道。”

对于食物有高度兴趣的三岁小男孩开心地说。

“我喜欢这个味道，很香。”

小女孩也笑着说道。

在制作点心的过程中，我会停下来请孩子观察每一种材料的原始样貌，分享看法与感受，此刻，黄油搅拌前的状态就会进入孩子脑中的烘焙知识库里。

“为什么要把黄油和糖搅在一起呢？”

小女孩对于正在搅拌的黄油糖霜提出疑问。

“搅拌黄油糖霜的时候会顺便把空气拌进去，黄油就会变得蓬松，这样烤出来的饼干才会酥酥的。”

我试着让三岁孩子理解打发黄油的理由。在操作过程中渗透相关的知识与原理，有些孩子可能当下不能明白，但都会存在记忆里，在每一次打发搅拌黄油糖霜时，可以再重复进行类似的问答。

“我可以把蛋加进来了吗？”

三岁小女孩看到桌上未加入的材料，很想把它们一次都加进去。

“蛋要慢慢地放入，一次加一点点，等到看不到蛋液时再加一点进来。”

我语气平和地说着细节。这个饼干面团制作的成败，就在于蛋液加入黄油糖霜的过程。我叮嘱孩子将蛋液分次加入，三岁小女孩认真执行，小心翼翼地完成交代事项，顺利让蛋液全部乳化，大部分的工作就完成了。

接着将粉料过筛、搅拌，小小孩操作时难免有些材料会撒出来，没关系，就让孩子尝尝滋味，再询问他们的感受，这种即刻性的反馈绝对能增强孩子对此次操作的记忆。

在工作中我喜欢让孩子拥有轻松驾驭的愉悦氛围，新手烘焙只要重点提醒即可，在小地方让小小孩建立成就感是培养烘焙兴趣的重要环节。

“我们要把搅拌好的面团装到塑料袋里，放入冰箱冷藏一小时，谁要来帮忙？”

“帮忙”两字是小小孩的“开关”，孩子们很快就聚集过来。

为了让之后的压模顺畅进行，
冷藏前要先将面团整理成理想的厚度。

“把装进袋里的面团放在烤盘上，先用手将它拍平，再用擀面杖帮忙压平。”

我想让每个孩子都来试试面团的整形工作。

要让擀面杖在面团上滚动需要给孩子一点指导，如果左右手掌压紧擀面杖往前推，就会把面团也推往前端，达不到平整的目的；

而是要从指尖把擀面杖滚到手掌尾端，分次往前推进。

“像这样，擀面杖从指尖要滚到这里，再试一次。”

我拿起小女孩的手，指着手掌尾端，盖住她的手带领她操作一次。

“对，就是这样，你看面团越来越平了，再擀几次就好了。”

我肯定的鼓励，让完成动作的三岁小女孩开心极了。

带着小小孩做点心，开心是持续的动力，
能创造一个愉悦的开始。

没有烘焙时间压力的延压饼干是一个好的起点。

搅拌完成，做好饼干面团后，在任何时间点都可以暂停，交给冰箱保管，相信只要多试几次，大家都能找到与家中小小孩一起烘焙的节奏。

观察材料原始样貌

让孩子观察材料在操作前的状态，闻闻看是什么味道，说说看曾有的经验，都是操作过程中可以加入的话题。

闻闻看

摸摸看

说说看

过筛，练习手腕及手指握力

过筛的工具有很多种，杯式面粉筛可以让孩子练习手腕及手指的握力，把低筋面粉筛入鸡蛋黄油糖霜时，要提醒小小孩尽量不要筛出容器外。如果小小孩手指的握力不足以完成，大人可协助更换另一种手动网筛。

小贴士

低筋面粉含蛋白质较少（8.7%），颗粒较为细腻，用手揉捏容易结块，不易散开。使用低筋面粉做的蛋糕、饼干大多是以搅拌方式混合成团，没有过多的揉和动作，如果不过筛会有结块现象，会增加成品中出现粉块的几率。

杯式面粉筛

手动网筛

延压的手法指导

运用擀面杖压平面团需要一些技巧，如果左右手掌紧压着擀面杖往前推，无法在上面滚动，会把面团也推向前，达不到平整的目的；要从指尖把擀面杖滚到手掌尾端，分次往前推进。

小贴士

面团冷藏前先整理成理想的厚度，之后压模会进行得更顺畅。所以，我先将装进塑料袋的面团放在烤盘里，小小孩很开心地用手拍平，再用擀面杖帮忙压平，最后三岁的小女孩很仔细地检查是否每一个角都压平整了。

“像这样，擀面杖从指尖要滚到这里，再试一次。”我拿起小女孩的手，指着手掌尾端，再盖住她的手带领她操作一次。

小手压模、盖章

取出冷藏的饼干面团，先让孩子感受一下面团的温度，再用饼干压模工具压出适当大小的形状。小小孩单手下压的力量若不够穿透面团，可以让其用双手压模，最后在饼干上盖章，让压模的工作变得更有趣。

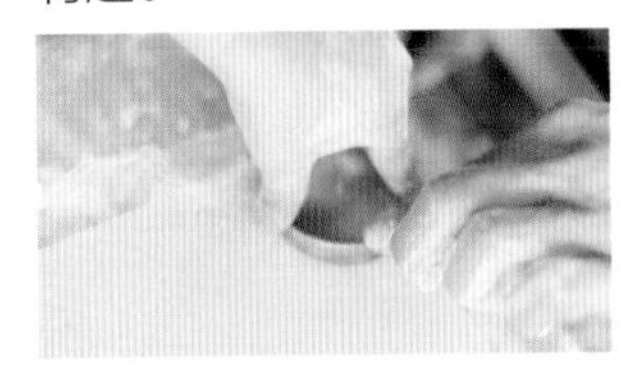

椰香饼干
综合小西饼

综合小西饼

Assorted Biscuits

分量：16 个

	材料（※ 可省略）	重量（克）	烘焙百分比（%）
黄油糖霜	无盐黄油	140	70
[做法 1~3]	细砂糖	80	40
	奶粉	30	15
	香草水 ※	2	1
	蛋液	40	20
粉料	低筋面粉	200	100
[做法 4]	泡打粉（Baking Powder）	2	1

[做法]

1. 无盐黄油回温后切成小块，加入细砂糖、奶粉、香草水，用打蛋器搅拌混合均匀。
2. 混匀后打至乳霜状态，拿起打蛋器看到黄油糖霜呈现角状即可。
3. 留下少许蛋液，将剩余蛋液分 2 次加入到打发的黄油糖霜中，用打蛋器搅拌均匀。
4. 所有粉料过筛，分 2 次加入黄油糖霜中，用刮刀以按压方式拌至均匀。
5. 将混合好的面团放入塑料袋铺平，入冰箱冷藏至少 30 分钟。

【烤箱预热：170℃】

6. 取出面团，用擀面杖擀至厚约 2 厘米，用压模压出饼干坯（也可用刀切成边长 3 厘米的方形厚片），间隔整齐地摆入烤盘，表面刷上预留的蛋液。
7. 放入预热好的烤箱内烘烤约 20 分钟，至表面微金黄色，待凉后装罐即可。

[要点]

· 烘焙百分比，是指以面粉重量为 100%，配方内其他材料相对于面粉的比例，所以一个配方里的百分比合计常会超过 100%。配方表标注烘焙百分比，可便于制作时调整分量。

· 黄油回温软化至手指压一下可看见明显指痕即可。若软化到液体状态，则制作时容易油脂分离。

· 从冰箱取出冰黄油面团，压模前先在正反两面撒上低筋面粉，防止面团粘到模型上无法顺利脱模。如果室温高于 28℃，压模速度要快，若感觉面团开始变软，难以操作，建议放回冰箱再冷藏 30 分钟降温。

· 一般家用烤箱预热时间，160℃ ~170℃约 10 分钟，200℃约 15 分钟，200℃以上约 18 分钟。

椰香饼干

Coconut Biscuits

分量：16个

	材料	重量（克）	烘焙百分比（%）
黄油糖霜	无盐黄油	90	40
[做法1~2]	细砂糖	90	40
	盐	2	1
	牛奶	75	33
	椰子粉	45	20
粉料	低筋面粉	225	100
[做法3]	泡打粉	5	2
糖霜	细砂糖	45	20
	水	22	9
	柠檬汁 （以上三项煮至糖化）	5	2
其他	烤香的椰丝	适量	

[做法]

1. 无盐黄油回温后切成小块，加入细砂糖、盐、牛奶、椰子粉，用打蛋器搅拌混合均匀。
2. 混匀后打至乳霜状态，拿起打蛋器看到黄油糖霜呈现角状即可。
3. 所有粉料过筛，分2次拌入以上混合物中，用刮刀以按压方式拌至均匀。
4. 将混合好的面团放入塑料袋铺平，再放入冰箱冷藏至少30分钟。

【烤箱预热：170℃】

5. 取出面团，用擀面杖擀至厚约1.5厘米，再用压模工具压出饼干坯后戳些小洞（也可用刀切成边长3厘米的方形厚片），间隔整齐地摆入烤盘。
6. 放入预热好的烤箱内烘烤10~12分钟，至表面微金黄色。
7. 将烤好的饼干刷上糖霜，撒上烤香的椰丝再烤2~3分钟。

[要点]

· 煮糖霜时不需刻意煮到沸腾，只要细砂糖完全溶解、水微滚，即可关火。若沸腾过久，煮到黏稠，冷却后会结成糖块，无法使用。

· 各品牌椰子粉吸水率不同，第一次做椰香饼干先按配方量，若感到面团稍干或软时，可适当调整配方中的牛奶用量。

把小小孩的烘焙课融入日常之中，可以从一个好吃的点心开始，也可以从绘本故事开始。小小孩能够专注的时间不长，先让孩子对烘焙产生兴趣与成就感，之后再逐渐添加一些学习元素。

▶ 在课程进行前或烘焙的空当，可带领孩子们阅读烘焙主题的可爱绘本。除了大人讲解之外，也可以请大一点的孩子说给弟弟妹妹们听。关于本书中包含的点心类型，推荐以下书单可以亲子阅读：

书名	作者	出版社
饼干城堡	（日）青山邦彦	北京师范大学出版社
杰琪的面包店	（日）相原博之	人民邮电出版社
环游世界做苹果派	（法）玛尤莉·普莱斯曼	河北教育出版社
乌鸦面包店	（日）加古里子	新星出版社
一个苹果做面包	（日）横森昭子	北京出版社
山羊蛋糕店	（日）木村裕一	明天出版社
要是你给老鼠吃饼干	（美）劳拉·努梅罗夫	接力出版社
乌鸦糕点店	（日）加古里子	新星出版社

从采购开始的烘焙课

▶ 让孩子先把需要采购的工具和材料画下来或记下来，年龄段不同，表现方式也不一样。

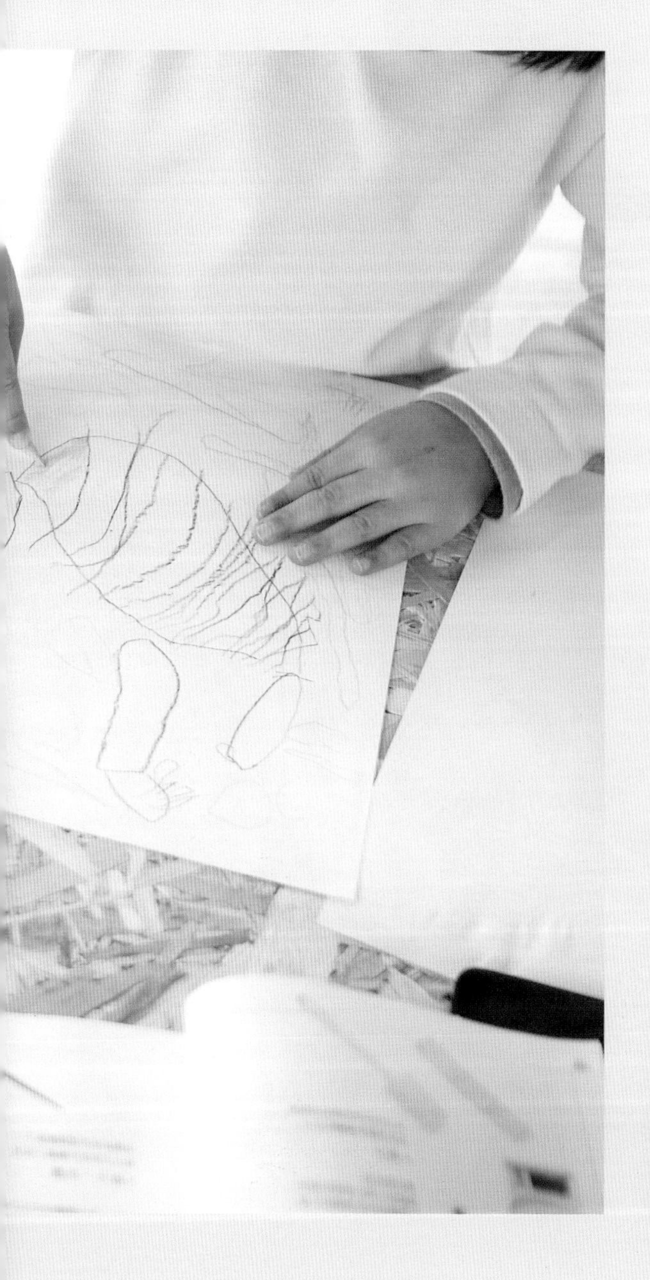

▶ 四岁的小小孩可以在大人引导下完成自己的采购清单。三岁的孩子若无法自己画出来，大人可用图说的方式，和孩子一起把要采购的材料剪贴在纸上，同样能达成目的。

▶ 在烘焙材料店选购时，让孩子拿着清单去寻找工具和材料，是一个有趣的寻宝游戏。

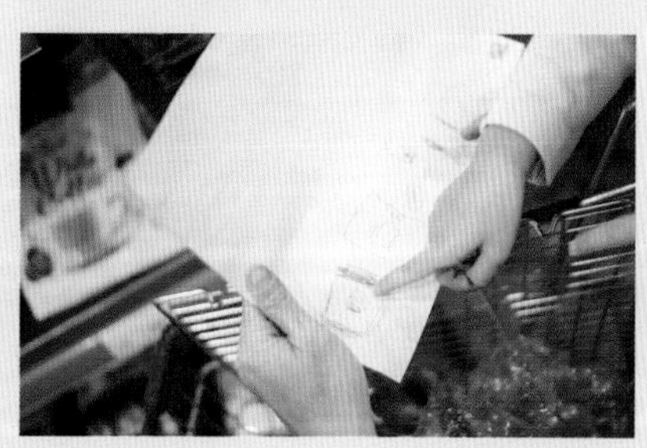

认识食谱里的材料

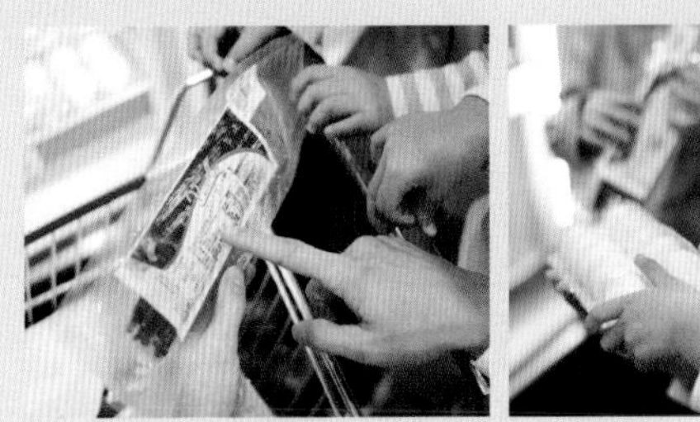

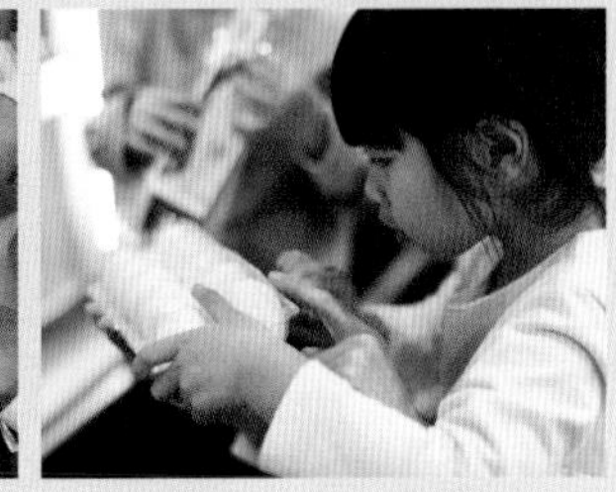

▶ 亲子第一次尝试做烘焙点心，建议多认识配方里的材料。食谱书里的材料在制作前是什么状态，经过混合后会变成什么样子和滋味，可以多花一些时间让小小孩去感受。

此商品
缺貨中

第2课

化在口里的酥松圆球

用手塑形的饼干——3岁

希腊雪球　黑糖榛果球　奶酪胡椒球

对这雪球点心算得上是一见倾心了！

记得那是一个洒满阳光的午后，在希腊友人的美丽餐桌上，初识这款美妙的小甜点，裹满了糖粉的小白圆球，和平常的饼干有着很不同的外貌。拿起一颗白球品尝，入口有浓浓的坚果香，饼干体像雪一样在唇齿之间化开，味蕾得到了极大的满足，唇齿留香。

之后，在希腊旅行期间，在当地人家餐桌上也常会发现一玻璃罐的雪球点心，各家配方都不同，有时不巧去了嗜食甜食的人家做客，吃上一颗甜度像方糖的雪球，都觉得可惜了这人间美味，顿时心里涌上无限惆怅。但这偶尔的误触"地雷"，并不足以让我失去"寻宝"的兴致，总坚信不久的将来，一定会遇上一个正统而又美味的完美配方。

第二次造访希腊时住在一个小渔港的山腰处，每天下午，民宿女主人总会供应当日的心情小点，我常坐在细心布置的露台细细品尝女主人的手艺，享受希腊缓慢的生活步调，吹着海风望向远方，等待夕阳西下，也祈祷着雪球的出现。

或许是希腊天神听到旅人真诚的祈求，
几日后，
果真出现了朝思暮想的顶级风味雪球。

“怎么会有这么好吃的雪球！是什么配方和比例？怎么做的？可以教我吗？”我厚着脸皮忐忑地向美丽的民宿女主人询问。

“这是 Kourabiethes 希腊雪球，希腊人的传统婚礼饼干，我们村里每家都有自己的配方！都是祖传下来的，我这个配方是婆婆特别传授给我的。”拗不过我的苦苦相求，美丽的女主人一边说一边拿纸笔写下独家秘方送给了我。海风吹得女主人的裙发飞扬，我努力捏紧得来不易的小纸片，小心翼翼地不让它随风而逝。

回家后，我试做了几次，也调整了配方，传统的希腊甜点糖分含量较高，一个小球要分好几次配咖啡或热茶品尝，实在不能尽情享受。不同的饮食习惯，影响了我们对甜味的接受程度，再地道的异国传统点心，也要因地制宜做一些调整，让大家更容易接受。

喜欢才会动手做，设计一个美味有趣的配方，
每一次加入一点新的“元素”进行挑战。

和孩子们一起做这道点心时，利用同样的雪球主题，可以变换不同的口味。

球形饼干需要更多的手眼协调能力，是小小孩的饼干进阶课，在分配与揉圆面团过程中有两个学习重点：一、将核桃仁敲成粗细一致的颗粒；二、分配饼干的大小。

配方里的核桃仁需要在混合之前敲碎，核桃仁的大小会影响雪球的口感，颗粒大一点的，成品咬起来较脆，细碎的颗粒化在口里较绵密。小小孩在操作过程中可练习眼睛与手的协调性。

制作前可准备一个大小适中的自封袋，把核桃仁都放进去，压出空气，封紧袋口，在密闭的袋内敲打，就不用担心核桃仁四处飞溅，可以让小小孩安心地对付核桃仁，完成粗细一致的要求。

“我要把它们敲成一样大，漂亮妈妈说核桃仁关在袋子里面就不会跑了。”

解决了坚果在敲击过程中会乱窜的问题后，三岁小女孩正用擀面杖认真对准封在自封袋里的核桃仁，专注的神情像是米其林主厨在装饰即将上桌的甜点，可爱极了！

把准备工作拆解，分配给小小孩负责，并将制作的时间拉长或者分段，尽可能让孩子深度参与，深入操作，就会发现每个孩子专注的兴趣点各不相同。

“像这样，把小方块的饼干面团搓成一样大小的圆球。”

我拿起一小块面团放在掌心做示范。小小孩睁大眼睛看，也取了一小方块的面团认真搓着。要变成一样大的球，成了小小孩心中的目标。

搓圆动作必须运用到两手的协调能力，如果双手无法做出反向画圆的动作，可先让孩子把面团放在揉面垫上，练习单手搓圆，一样可以完成。再把圆球放在手掌心感受面团大小。

“这个有点大。”

三岁小男孩严肃地说，顺手捏下面团一角，再放回手心。

“这个又太小了。”

小男孩又为面团补了一小块。对大小要求很严格的小小孩会想办法调整面团分量，和其他孩子有着明显的差别。

“等一下圆球面团都摆进烤盘后，我们可以再检查看看每个是不是一样大。”

我提供了另一个事后检查的方法给小男孩，希望可以让他放心一点。

“为什么我的面团不是球，它好像比较扁。”

小女孩望着手中的扁圆面团，有点泄气地说。

“来试试看，手往下的力量轻一点，像轻轻摸着脸的感觉。”

我把小女孩拉进怀里，用手轻轻地摸着她的脸颊。

“这样轻轻揉着面团，就会变成圆球了吗？我再试试看。”

小女孩学会手掌搓圆的力道后，又开心地把前面不完美的面团也重新修整了一次。

小小孩很会听指令，
每个孩子对于所理解的意义表现得不尽相同。

三岁小男孩对于圆球的大小一致，非常认真地执行，这个坚持让手里的黄油面团快要溢出油脂来了。对于孩子的实事求是，我习惯让他们自然发展。饼干的制作，只要配方比例正确，重点操作到位，不管怎样，烤熟了都是一样美味！

给孩子适度的空间去探索心中的疑惑，大人不要急着介入教导，在孩子自己解决疑问的当下，就是孩子内化新知的时候。放慢脚步欣赏工作中的孩子，你会发现生活中最美丽的风景，就是孩子现在与你所拥有的烘焙时光。

发现问题先让孩子自己解决

用手持打蛋器打发黄油时，会因量太少而卡在钢网里，小小孩会尝试用快速搅打和敲打盆边的方式让黄油掉下来。

小贴士

遇到有问题产生，先让孩子自行解决，自己想出来的方法，孩子一定不会忘记。

操作与观察，分工合作

操作过程中观察食材混合后的变化，可以让三岁的小小孩轮流合作完成操作，没有工作的一方就当观察员，协助提醒同伴操作细节。

核桃仁的预处理

三岁小女孩尝试用手指掰开核桃仁，发现并不是那么容易，大人提供了好方法，把核桃仁装进自封袋里，这样核桃仁在敲打过程中不会四溅，也方便观察粗细变化情况。

选择敲打工具，各有所好

小女孩喜欢深色的胡桃木擀面杖；小男孩喜欢较粗壮的樱桃木擀面杖。原以为孩子会采用大人的建议，挑选适合自己手指环握的擀面杖，没想到小小孩很有主见，就挑自己喜欢的敲。其实只要能达成目的，怎么选都没错。

孩子都喜欢帮忙

工作中，四岁的姐姐加入了进来，三岁小女孩灵机一动请姐姐示范指导，利用孩子喜欢帮忙的特质，三岁和四岁小女孩合力完成了敲碎核桃仁的工作。

敲细

擀碎

适时进行调整

同龄的孩子存在着个体差异，动作较麻利的孩子会想要一直帮忙，工作中若发现动作落单的孩子，大人应适时进行调整，让比较熟练的孩子指导需要多练习的孩子。

奶酪胡椒球
黑糖榛果球
希腊雪球

希腊雪球

Kourabiethes

分量：10 颗

	材料	重量（克）	烘焙百分比（%）
黄油糖霜	无盐黄油	70	70
[做法 1~3]	糖粉	25	25
	蛋黄	20	20
粉料	低筋面粉	100	100
[做法 4]	奶酪粉	20	20
	杏仁粉	15	15
其他	核桃仁（或其他坚果） ★ 放入自封袋内密封后敲碎	30	30
	糖粉	适量	

[做法]

1. 无盐黄油回温后切成小块，加入糖粉，用打蛋器搅拌混合均匀。
2. 混匀后打至乳霜状态，拿起打蛋器看到黄油霜呈现角状即可。
3. 蛋黄分 2 次加入打发的黄油糖霜中，用打蛋器拌匀。
4. 所有粉料过筛，分 2 次拌入，用刮刀以按压方式拌至均匀。
5. 再将核桃仁碎用切拌方式混合。
6. 混合好的面团放入塑料袋铺平，再放入冰箱冷藏至少 30 分钟。

【烤箱预热：160℃】

7. 取出面团，切成边长约 2 厘米的小方块，用手搓成圆球，间隔整齐地摆入烤盘。
8. 放入预热好的烤箱内烘烤约 20 分钟，至表面微金黄色。
9. 烤好后趁热滚上糖粉，待凉后装罐。

[要点]

· 中等大小的鸡蛋一个重约 50 克，其中蛋黄约 20 克，蛋白约 30 克。分出的蛋白可放进干净且干燥的带盖容器冷藏保存一星期，下次做蛋白用量大的点心（如杏仁瓦片、戚风蛋糕、天使蛋糕等）时就能用上。或者分好适当的量放入干净的塑料袋，扎紧袋口，冷冻保存 3~4 个月，使用前一天放入冷藏室解冻即可。

黑糖榛果球

Brown Sugar Hazelnut Crisp Ball

分量：10 颗

	材料	重量（克）	烘焙百分比（%）
黑糖黄油霜	无盐黄油	70	70
[做法 1~2]	黑糖	30	30
粉料	低筋面粉	100	100
[做法 3]	奶粉	10	10
	榛果粉	15	15
其他	黑糖粉	适量	

[做法]

1. 无盐黄油回温后切成小块，加入黑糖，用打蛋器搅拌混合均匀。
2. 混匀后打至呈乳霜状即可。
3. 所有粉料过筛，分 2 次拌入黑糖混合物，用刮刀以按压方式拌至均匀。
4. 混合好的面团放入塑料袋铺平，再放入冰箱冷藏至少 30 分钟。

【烤箱预热：160℃】

5. 取出面团，切成边长约 2 厘米的小方块，用手搓成圆球，间隔整齐地摆入烤盘。
6. 放入预热烤箱内烘烤约 20 分钟，至表面微金黄色。
7. 烤好后趁热滚上黑糖粉，待凉后装罐。

[要点]

· 黑糖品牌不同，会有不同程度的粗细结块颗粒，想要口感细腻可将黑糖过筛后使用。
· 此配方未加入液体材料，在搓圆的过程中，手掌要稍微按压，以帮助材料充分紧实。
· 配方中的榛果粉可随意变换成其他坚果粉末，和小小孩一起在烘焙材料店寻宝，创造出新的酥球口味。

奶酪胡椒球

Cheese Pepper Chop Ball

分量：10 颗

	材料	重量（克）	烘焙百分比（%）
黄油糖霜	无盐黄油	70	70
[做法 1~3]	糖粉	30	30
	蛋黄	10	10
面团料	低筋面粉	100	100
[做法 4~5]	黑胡椒粒	1	1
	奶酪丁	2	2
其他	黑胡椒海盐	适量	
	奶酪丁	适量	

[做法]

1. 无盐黄油回温后切成小块，加入糖粉，用打蛋器搅拌混合均匀。
2. 混匀后打至乳霜状态，拿起打蛋器看到黄油糖霜呈现角状即成。
3. 蛋黄分 2 次加入打发的黄油糖霜中，用打蛋器拌匀。
4. 低筋面粉过筛，加入黑胡椒粒，分 2 次拌入到黄油糖霜中，用刮刀以按压方式拌至均匀。
5. 将奶酪丁用切拌方式混合。
6. 将混合好的面团放入塑料袋铺平，再放入冰箱冷藏至少 30 分钟。

【 烤箱预热：160℃ 】

7. 取出面团，切成边长约 2 厘米的小方块，用手搓成圆球，间隔整齐地摆入烤盘，每颗圆球压入 1 粒奶酪丁，撒上微量黑胡椒海盐。
8. 放入预热好的烤箱内烘烤约 20 分钟，至表面微金黄色。
9. 待凉后装罐。

[要点]

· 奶酪球的微咸味，来自入炉前撒上的微量黑胡椒海盐，小小孩操作前可先在旁边练习使用两指搓撒盐粒的动作，体会一下“微量”的含义。

· 奶酪丁不宜在室温状态下放置过久，使用前尽量保持冷藏状态。

在制作点心时，同时给予小小孩视觉和触觉的刺激，训练手眼协调能力，以及对物件的控制能力。孩子的手部肌肉发展是有差异性的，同样的握棍敲打动作，有些孩子 3 岁就可以精准快速地达成，有些孩子则需要多一点的练习与示范，父母不要过度将孩子与他人比较，让孩子们都能在愉悦的氛围下自信地学习。

分辨大小，有均分概念

▶ 有些孩子可以感受手中物体大小，放在手心的面团前后不一致，会立刻察觉，想要改进，并知道均一的含义。

▶ 也可在摆入烤盘时，带领孩子观察每颗圆球的大小是否一致，了解面团大小一致的意义。

增进手部肌肉发展

▶ 敲坚果粒须使用手部抓握力量，适合的擀面杖直径以不超过孩子拇指与中指圈起范围为佳。敲下的动作会牵动到手腕与上臂肌肉，是很好的肌肉练习。

▶ 搓圆的动作须运用两手双侧协调能力，若双手无法反向画圆（上下揉搓会搓成长条），可让孩子把面团放在揉面垫上，先练习单手搓圆，两只手分别练习不同方向，待熟练后再用双手搓圆就会成功。

▶ 可以控制手掌的力道，把面团搓成圆球状。

第3课

一抹成脆片

用汤匙塑形的饼干—4岁

杏仁瓦片 柠檬椰子薄片

对于脆片饼干，我想是那脆脆的口感吸引了我！

口感，是独立于味觉之外的一种情绪体验。

决定食物是否美味，除了风味外，还有口感。口感是个很奇妙的主观的感知过程，它不是只产生于某一种类食材，而是当食物经过相似的烹调或相似的组成模式，在口齿间产生的相同感受；是一种食物在口中发生物理及化学变化过程而产生的感觉，这样的感受会在大脑里植入一种愉悦的印记，形成一个情绪的模式。

吃东西时，我们总能很快判断哪种东西合自己的口味，这背后的原因与关联或许跟我们的记忆和想象有关。对我来说，就像吃冰激凌时一定要搭配脆皮甜筒而不能放入纸杯，大大的甜筒里只放一个冰激凌球，我常在舔完冰激凌后，才开始慢慢地、小口小口享受甜筒咬在嘴里的弹跳感，这个阶段才是我吃冰激凌的主要乐趣。

同样的幸福感受，
也发生在中国餐馆结账领幸运饼干时。

大部分的人会因得到一句美好的话语而雀

跃，我则是为吃到一个够脆的幸运饼干而开心。于是爱屋及乌，延伸到所有清脆口感的食物，像是炸得酥脆的地瓜片、咬起来一样脆脆的杏仁角辣小鱼干、烘烤到够脆的坚果、清甜的脆芭乐、刚采收的脆苹果等，都是让我可以感受到愉悦氛围的美妙食物。

“咬一口看看，是什么感觉？”

我拿了一片杏仁瓦片让四岁小孩尝尝。

“吃起来脆脆的，是很好吃的感觉。”

四岁的孩子形容美味的词汇还不太多，“好吃”是接受与喜欢的同义词。

“那这一种呢？上午弟弟妹妹做的雪球，吃起来是什么感觉？”

我拿起另一种饼干想让孩子们比较一下。

“这个也很好吃，但感觉不一样，它在嘴巴里会散开来。”

四岁男孩很认真地分析，试着说出其中的不同。

“我想要吃一口雪球、吃一口杏仁片试试看。”

四岁女孩很有实验精神，提出了有意思的点子，眼睛溜溜地转，咬了两种饼干的小嘴巴鼓鼓的。我们在一旁等着听结果。

“就是咬起来脆脆的，然后又有些会散开，很好吃呢！”

小孩的回答显然是很满意自己的发现。

分享自己的感受，听听小孩对食物的喜好，
是一起工作时有趣的部分。

小小孩很喜欢聊天，当有可以参与的话题时，总是希望能加入讨论，常常在一阵热烈对话中，我已经知道孩子一家人喜欢的口味癖好了。

四岁女孩的实验给了我创作的灵感，把两种不同类型的饼干相结合，会是怎样的美味呢？下回我要找机会试试，在揉好的圆球上放一小匙杏仁瓦片面糊，或许会意外成就一款外脆内松的绝美饼干！

隔水加热的做法

“隔水加热是先加热水再放玻璃瓶？还是要把玻璃瓶放在水里一起加热？”小小孩想知道哪一种方法比较好。我回答说：“如果没有规定要把黄油加热到多少摄氏度，那就先把锅里的水烧热了移到桌上，再把装黄油的玻璃瓶放进热水里，黄油一下就化开了。”

不烫手再移锅

慢慢来不用急

在工作中把为什么如此做的理由加入与孩子的闲谈里。

四岁，有着对工作的细心与坚持

“蛋白打散，再把细砂糖和盐加进来，只要搅拌均匀就好了。”小女孩驾轻就熟地说。四岁的小小孩有过烘焙经验，做起事来很到位，在刮黄油加入面糊的时候特别仔细，“玻璃瓶里不要留下黄油，每一个点我都要检查一次。”

“这是一款很简单的饼干，只要搅拌就好！”倒入杏仁片，小小孩搅拌时像发现新鲜事一样，察觉工作已经告一段落了。“要小心搅拌，不要把杏仁片弄碎了。”小女孩提醒大家。

小小孩在简单的工作里可以注意到更多细节。

练习目测加减

把烘焙纸铺在烤盘上，用汤匙舀出面糊整齐摆好，是多了还是少了？让小小孩练习目测比较大小，太多的就舀一些起来，太少的就再补一点。

沾水抹平，不黏糊

一坨坨黏黏的面糊要怎么抹平呢？在汤匙背面沾些水，用沾了水那面轻轻地把面糊压成片，厚薄都要一样。

相同的工序，不一样的口味

相同的工序再做一次，小小孩只要多练习就会更熟练。柠檬椰子脆片一样要抹成薄片。

发现量的不同

“这个面粉很少！”小小孩在筛面粉时发现了量的不同，做饼干除了用低筋面粉外，也可以用其他粉料。

柠檬椰子薄片
杏仁瓦片

杏仁瓦片

Almond Tuile

分量：16 片（直径 9 厘米）

	材料	重量（克）	烘焙百分比（%）
	无盐黄油	25	62.5
蛋白面糊	蛋白	66（约 2 个）	165
[做法 2~3]	细砂糖	50	125
	盐	1	2.5
	低筋面粉	40	100
其他	杏仁片	100	250

[做法]

1. 无盐黄油隔水加热化开。
2. 蛋白、细砂糖、盐混合搅拌均匀。
3. 低筋面粉过筛，加入蛋白混合物中，搅拌至无粉粒。
4. 将化开的黄油缓缓加入蛋白面糊中，搅拌均匀。
5. 杏仁片加入面糊中拌匀，覆上保鲜膜，放进冰箱醒 30 分钟。

【烤箱预热 150℃，烤盘铺上烘焙纸防粘】

6. 取出杏仁片面糊，用大汤匙舀出等量面糊，间隔整齐地平铺于烘焙纸上（间隔需留大一些），将汤匙背面沾水，整理烤盘上的面糊，抹成厚薄一致的薄片。
7. 放入预热好的烤箱内烘烤 10 分钟，开始上色后降温至 130℃，再烤至金黄色。
8. 出炉放凉后再密封保存。

[要点]

· 烤脆片饼干时，宁愿低温慢火烘烤，也不要求快，改高温短时烘烤。温度太高的话，容易表面焦黑，中心不熟。每家烤箱情况都不一样，需要多练习几次。

· 配方中的杏仁片可随意更换成南瓜子等其他果仁片。

· 使用蛋白，成品会较酥脆，也可使用全蛋。

· 如果担心成品过焦，可以在饼干熟透、微上色后，利用烤箱余温烘至酥脆。

柠檬椰子薄片

Lemon Coconut Crispy Chips

分量：16片（直径9厘米）

	材料	重量（克）	烘焙百分比（%）
蛋白黄油糊	无盐黄油	70	350
[做法 1~2]	糖粉	55	275
	蛋白	50	250
粉料	低筋面粉	20	100
其他	椰子粉	100	500
	柠檬皮	适量	

[做法]

1. 无盐黄油室温软化，搅拌成糊状，缓缓加入糖粉，拌至均匀。
2. 蛋白分次加入，拌至完全乳化。
3. 粉料过筛，倒入蛋白黄油糊，搅拌至无粉粒，再放入柠檬皮。
4. 加入椰子粉拌匀，覆上保鲜膜，放进冰箱醒30分钟。

【烤箱预热150℃，烤盘铺上烘焙纸防粘】

5. 取出椰子面糊，用大汤匙舀出等量面糊，间隔整齐地平铺于烘焙纸上（间隔需留大一些），将汤匙背面沾水，整理烤盘上的面糊，抹成厚薄一致的薄片。
6. 放入预热好的烤箱内烤10分钟，开始上色后降温至130℃，再烤至金黄色。
7. 出炉放凉后再密封保存。

[要点]

· 把面糊放在烘焙纸上成形时，若因离开冷藏时间太长而变软，不好操作，可以把剩余面糊放回冰箱，等面糊硬一点再继续操作。
· 薄片成形时尽可能厚度相同，烘烤时若上色不一致，则要把已经上色的薄片先移出烤箱。

相较于延压饼干，乳沫类饼干在塑形时需要更多技巧，小小孩要应付黏黏的面糊必须更专注一些。

增进手眼协调能力

▶ 分配面糊时，小小孩要能够掌握汤匙里的分量，把舀出的面糊放在适当位置，并且注意面糊的起与落。这是一个前期制备较容易、后期需要相对专注的烘焙练习。

培养有始有终的工作态度

▶ 烘焙过程中的材料制备、拌合、塑形、入烤箱、出炉、清理等，都可以让孩子深度参与，不对小小孩的能力设限，才会激发孩子的潜力。

第4课

包进酥皮里的四季蔬果

酥皮派—3~4岁

燕麦苹果派 蔬菜培根咸派

电影里经常看到，在西式宴会中，女主人常在餐后端出一份水果派，以甜甜的、散发着水果微酸味的点心为这一餐画上完美句号。就像电影最后会播放的片尾曲，当观众还沉浸在故事情节里时，看见银幕上滚动出现的字幕，就知道该曲终人散了。说来，这餐后的派或许就有这象征性的意义。

派（Pie）在西点里变化多端，口味弹性很大，不管咸甜冷热，蔬菜、水果、鱼、肉和蛋等，都可包入派皮当作内馅。派皮根据搭配内部馅料的特性，可分为双皮派和单皮派。其中双皮派的派馅多以较酸、较硬的水果腌制，用来制作水果派，也有人包入调理过的肉类做成肉派；而单皮派又有两种做法：生派皮生派馅与熟派皮熟派馅。

这听起来似乎有点复杂，但也无须太拘泥于此。其实只要派皮配方比例完美，馅料调制得咸甜相宜，包入的馅料自始至终都老实待在派皮里，烤至透黄、香气逼人后出炉，就可以称作成功的派了。

从旧经验的基础里去建立新的概念，
让小小孩更容易进入状态。

“其实，派皮就像是一大片压平的饼干。”

我想用这样清楚的联想介绍今天的主角，把看似复杂的工作描绘成孩子可以理解的语言。

“喔，那很简单，我会做饼干，我已经学过了！”

三岁小男孩有自信地说。

“今天要做大饼干吗？”

四岁的姐姐机灵地问。

“我们今天要做的苹果派，就是要把切好的苹果包进大饼干里，变成苹果口味的大饼干。”

我在说明的时候加入了一些动态的想象画面。和小小孩一起工作时，我常把“很简单”“这不难”“我们以前做过了”当成练习的“催化剂”。

小孩只要心里不觉得难，
就会把它变成有趣的挑战。

化繁为简是亲子在烘焙点心时的原则。

举例来说，制作苹果派有两个重点：一是派皮，二是内馅。这个甜派皮配方和饼干相似，只要按步骤操作，混合成团放进冰箱，在三天之内使用都可以，工作繁忙或烘焙中途必须处理其他事情时，我们可以弹性地选择和孩子分段完成。

腌制苹果内馅也没有严格的时间规定，洗净去皮、切块后，淋上柠檬汁防止苹果氧化，再撒上肉桂粉拌匀，这个步骤完成后，若时间不允许，也可以先中断，等空闲时再进行组合烘烤。

步骤拆成小单位各自完成，
是新手亲子玩烘焙很有用的时间建议。

“谁想来试试剪一个和派盘一样大的底纸呢？”

我喜欢安排小小孩在零星的等待时间做点手工，为了出炉后脱模顺利，需要量身定做一个底衬，把派皮和派盘隔开。

“我想试试看，我很会用剪刀。”

四岁小男孩自告奋勇，对自己信心满满。

“把四边形派盘正面朝上放在烘焙纸上，折出一样的方形，再用剪刀沿着折痕剪下来。”我边说边示范，请小男孩试着做一次。

烘焙纸很光滑，要折出线条必须用指腹或指甲缘用力按压，压出一道折痕才容易看清线条，过程中要相对专注才能把线条折好。

小男孩很认真地划出线，顺利完成被交付的工作。

孩子间相互学习，有时会比大人费心解说来得有成效。我请小男孩协助教会同学，成功完成底衬制作的小男孩摇身一变成为小助教，自己做过一遍，解说起来更清楚。

我发现这小助教教学时的语气竟然和我如出一辙，孩子的听觉很敏锐，真是过耳不忘呢！父母要好好利用小小孩的特长，想让孩子记得的，就仔细地慢慢地说，不想让孩子模仿的就要慎言了。

用削皮刀削水果皮

三岁小孩还不会使用削皮刀去皮，大人先帮忙固定一边，让孩子感受用削皮刀去除苹果皮的力道与手感，再放手让孩子操作。

挤柠檬汁的神器

把取汁器旋入柠檬轴心，旋入的过程破坏了果肉结构，整个柠檬就变软了，软到双手可以挤出汁，这和直接把柠檬用力在桌上滚压，让果肉变软有异曲同工之效。

▸ 肉桂味的诱惑

搅拌苹果块时，三岁的弟弟对肉桂味道太着迷了，直接被吸引到正在工作的姐姐旁边，要求一起完成。肉桂香气充满了整个空间，青色的苹果块也被染成深褐色，当然，小小孩是忍不住品尝欲望的，一边工作一边吃了起来。

▸ 开口大，不外溢

混合材料最好选择广口容器，方便小小孩将材料倒入，合力搅拌时也不易把材料溢出盆外。

夹缝里的面粉屑

四岁小男孩在清理桌面时，动作较三岁孩子要细致许多，会注意到夹缝里夹杂的面粉屑，想要尽可能清除干净。

折线条，剪底衬，要专注

四岁小男孩把四边形底板放在烘焙纸上，折出一样的方形后，用剪刀沿着折痕剪下来。

压折痕

看线条清不清楚

小贴士 烘焙纸很光滑，要用指腹或指甲缘用力按压，压出一道折痕才容易看清线条，过程中要相对专注才能把线条折好。

小贴士

孩子间相互学习，有时会比大人费心解说来的更有成效。我请小男孩协助教会同学，成功完成底衬制作的小男孩摇身一变成为小助教，自己动手做过，解说起来果然更清楚。

填派皮，用重物压实

填入派皮时，先将派皮大致放好，再使用辅助工具压实。

用重物压实派皮

用手指捏实侧缘派皮

小贴士

只要是平底、孩子好操作的重物都可以作为压实工具，压实的过程中要提醒孩子注意四周边角，底部压好后，再请他们用手指捏实派盘侧缘，只要大人稍微提醒，三岁小男孩也可以做得很好。

把馅包进大饼干

包入苹果馅时，提醒小孩注意苹果块间隙也要填满，全部摆满后再把上部的派皮盖上，直到苹果块全都被盖住，四周的派皮也要尽可能压实捏合。

小手里的黄油面粉

搅拌材料、制作派皮，对小小孩来说已经驾轻就熟了，我喜欢让孩子用双手捏拌黄油面粉，体会黄油从大变小的不同触感。当然，使用工具也会有不同的体会，都可以试试看。

▸冷冰冰的面团

刚从冷藏室取出的派皮对小小孩来说是不易擀开的，可以让小孩试着把擀面杖放在面团上，先用力按压成一个较扁平的面团，然后换方向操作一次。一般来说，两次之后就可顺利擀成厚 2~3 毫米的派皮。

用派盘切出派皮

小孩把小派盘倒扣在擀开的派皮上，用力下压切出派皮。

雕塑派皮的曲线

把派皮贴紧小派盘，侧边沿着派盘曲线将派皮压出相同线条，将烘焙石（重石，可用任何豆子代替）放在完成的派盘上送入烤箱。

蛋液九分满，刚刚好

填入蔬菜培根馅，注入蛋液，提醒小孩留意注入量，在九分满时停止，完成后送入烤箱。

燕麦苹果派
蔬菜培根咸派

燕麦苹果派

Oatmeal Apple Pie

分量：1个（8寸派盘）

	材料	重量（克）	烘焙百分比（%）
派皮料 A	低筋面粉	200	100
[派皮做法 1~2]	燕麦（或任何综合麦片）	170	85
	红糖	150	75
	泡打粉	2（1/2 小勺）	1
派皮料 B	无盐黄油（冷藏）	150	75
内馅料	苹果（5~6 颗）	750	375
[内馅做法 3~5]	柠檬（1 个）	55	27.5
	砂糖	100	50
	肉桂粉	15	7.5
	无盐黄油	30	15

【烤箱预热 180℃，活底派盘底层铺上相同大小的烘焙纸防粘】

[做法]

1. 派皮料 A 放入大碗混匀。
2. 派皮料 B 切小块，拌入碗中，用手搓匀至无黄油块，分成两份（下层派皮 380 克，其余为上层覆盖用）。
3. 苹果去皮切块，淋上柠檬汁防止氧化。
4. 砂糖、肉桂粉混合均匀，拌入苹果块。
5. 室温化开无盐黄油，拌入苹果块中，备用。
6. 取 380 克派皮平整压入派盘底部及侧边，至完全覆盖派盘。
7. 以重物压实派皮（可用平底玻璃瓶或任何平底重物）。
8. 铺入满满的苹果馅，尽可能铺密实，派盘中心点可略高出外围 2 厘米，再顺铺至派盘边缘，上覆剩余派皮，压实至看不见内馅。
9. 放入预热好的烤箱烤 70~80 分钟，至表面呈金黄色，即可取出，放凉 1 小时后脱模。

[要点]

- 1 小勺为 5mL，1 大勺为 15mL。
- 苹果最好切成边长 3 厘米左右的块状，太小的苹果丁烘烤后容易从派的中心顶点滑落，成品出炉后就不会呈现中央较高的美丽弧线形。
- 燕麦片可用任何早餐麦片取代，但如果太甜就要减少派皮料中的红糖量。
- 腌制后的苹果块要沥干再用，产生的汁液不要倒入。苹果烘烤后会再出水，并和砂糖、肉桂粉结合成美味的苹果肉桂焦糖，所以看到派皮接缝处流出滚烫的焦糖就表示快烤好了。

蔬菜培根咸派

Vegetable Bacon Pie

分量：1个（8寸派盘）

	材料	用量	烘焙百分比（%）
派皮料A	中筋面粉	560克	100
[派皮做法1~5]	帕玛森奶酪粉	60克（6大勺）	10
	盐	6克（1小勺）	1
派皮料B	黄油（冷藏）	280克	50
液体材料	鸡蛋（冷藏）	200克（4个）	35.7
	水（冷藏）	90克	16
内馅料A	意式培根	250克	
[内馅做法6~7]	洋葱（切丁）	1颗	
	蘑菇（切片）	10朵	
	彩椒（切丁）	适量	
内馅料B	西红柿干	1杯	
	罗勒叶	少许	
	奶酪丝	1杯	
蛋液料	鸡蛋	150克（3个）	
[做法8]	鸡汤	75克	
	鲜奶	75克	
	帕玛森奶酪粉	40克	
	盐	6克（1小勺）	
	黑胡椒粉	少许	

[做法] 1. 派皮料 A 放入大碗混匀。

2. 派皮料 B 切小块，拌入大碗中，用手搓匀至无黄油块。

3. 将液体材料混匀，加入碗中混合成团，将面团装入塑料袋封口，入冰箱冷藏至少 4 小时（建议最好于前一晚制作并冷藏）。

【烤箱预热：180℃】

4. 取 500 克面团擀成厚 2~3 毫米的派皮，平铺在 8 寸派盘上并压平，去除多余的边，用叉子在底部戳些通气孔。

5. 将重石（或红豆）填入派盘，入预热好的烤箱烤约 18 分钟，至表面金黄色；取出刷蛋液，再放回烤箱烤 5 分钟。

【烤箱预热：180℃】

6. 内馅料 A 分别炒香。

7. 填入烤好的派皮，再依次铺上西红柿干、罗勒叶，表层再铺一层奶酪丝。

8. 将蛋液料混合拌匀，注入派盘中，放入预热好的烤箱烤约 60 分钟。

[要点]

· 工作规划流畅，可以更从容地和小小孩研究烘焙里的细节。这个配方可拆成两个阶段操作，咸派皮在前一晚完成并冷藏，三天内用完都没问题；若超过三天未使用，就要改冷冻保存，要用的前一晚再移到冷藏室回软。

· 内馅蔬菜可任意更换，沥除多余的菜汁，把精华填入派皮，铺上新鲜的甜罗勒等香草，再撒一层奶酪丝，最后注入蛋液，入烤箱即可，这是完美改造隔餐美味的妙方。

· 自制西红柿干：将新鲜西红柿直切两刀成四块，放入有余温（90℃以上）的烤箱，烘至不再流出西红柿汁液即可。烘制过的西红柿干，口感会改变，吃起来较有弹性。

让孩子在烘焙等候的空当阅读食谱是件有趣的事。小小孩的记忆力超强，经常过目不忘，尤其是在自己刚才动手做过之后，这个时候带孩子阅读相关食谱，对小小孩来说又多了一次纸上的练习机会。

了解酥皮与饼干的相似性

- 在工作空当和孩子研究燕麦酥皮的成分。拿任一饼干的配方和酥皮比一比，看看有什么异同？还不会阅读文字的小小孩需要大人在一旁口述协助。
- 饼干配方内的液体越少，口感和酥皮就越相似。

了解水果内馅的处理过程

▶ 苹果里的酶与空气中的氧气接触起了氧化反应，就会让苹果产生褐变；柠檬汁含有柠檬酸，可以防止苹果表面氧化。当然，把苹果块浸在盐水里也可以防止褐变，但会让苹果带点微咸。这个配方为了同时得到柠檬的香气，可将苹果、柠檬、肉桂充分混合，把苹果香气全部引出来。有些派的水果内馅会再加热，煮到收汁黏稠后使用，两种方法都可以试试。

比一比：防止苹果表面氧化

▶ **所需材料**：苹果 1 个、柠檬原汁和盐水各适量

▶ **第一步**：将苹果对半切开，一半剖面刷上盐水，另一半剖面刷柠檬汁。

▶ **第二步**：放 1 分钟，比一比，是刷盐水的白，还是刷柠檬汁的比较白？（结果是：柠檬汁）

第5课

把奶油卷进松软蛋糕里

戚风蛋糕——4岁

南瓜戚风蛋糕 牛奶戚风蛋糕卷

对于食物的爱好通常都是一见钟情的，在众多蛋糕种类中，我独爱口感绵软的戚风蛋糕，或许是那刚刚好的柔软、湿润味道，或许是背后的动人故事，或许是那一年一度的期待，这种悸动的感觉，就算是在多年之后，只要遇上相似情境，就会被自动开启，像初生小鹅的印刻效应，认定了就紧紧追随。

记得仁爱路上有一家专做戚风蛋糕的老字号，就在我放学回家的路上，出学校后门左转，过一个红绿灯路口就到了。年少时每当家里有人过生日，妈妈会请我负责采买，我总会在大大的展示柜前想象寿星喜欢的口味，选好后看着店员仔细包装好，然后心满意足地提着戚风蛋糕走在樟树林荫里，小心翼翼保持着完美外形，转搭两趟公交车回家和家人分享。公交车沿途一路颠簸，我战战兢兢地努力保护着它。戚风蛋糕入口的美妙滋味，除了蛋糕体松软中透着弹性外，我想长时间细细呵护与等待，一定也为它加分不少。

给小小孩的制作蛋糕初体验，
我想融入这样的美好印象，
在味蕾的启发里加入蛋糕朴实原味。

没有多余的奶油馅，利用新鲜食材完成原味蛋糕，让四岁的孩子从练习分蛋开始，先制作一

个不加装饰的裸蛋糕，品尝原味后，再利用相似的配方抹上打发好的鲜奶油与果酱，卷成蛋糕卷。重复相同的经验，对小小孩来说是必要的熟悉过程，在每一次类似的练习中，再加入一点有意思的变化。

相较于小小孩的饼干经验，制作戚风蛋糕的材料使用了液态油脂，取代低温会凝固的黄油，因此蛋糕口感绵软，配方里也没有任何泡打粉或膨松剂的帮助，蛋糕的膨胀力量全部来自蛋白霜的泡沫，是否打发足够稳定的蛋白霜是戚风蛋糕制作成功的关键之一。所以，把蛋白与蛋黄分开变成一项重要工作，要让四岁小孩成功地完成这个操作，必须提供好用的辅助工具与足够新鲜的鸡蛋。新鲜的鸡蛋拿起来沉甸甸的，蛋壳较厚，鸡蛋打开后，蛋黄膜很有弹性，蛋黄完整不易破散，在分离蛋白时成功率高，小小孩较易得到成就感。

有一点挑战的新技巧搭配可以达成的目标，
是帮助小小孩烘焙进阶的练习原则。

“这个我做过了，把蛋磕开，放在工具的中间，蛋白会从旁边流下去，只剩蛋黄留在上面。”

当我把分蛋辅助器与鸡蛋放在桌上时，四岁的小女孩立刻很有经验地说。

小团体在一起工作时，我喜欢有小小助教，适度地赋予他们一些责任，会发现小小孩学习起来更加兴趣盎然，于是我请小女孩先示范把蛋白和蛋黄分开。

“哇！蛋黄破了，混在蛋白里，怎么办？”

在蛋白流下时，掐着蛋壳的左右手指过于用力，结果蛋黄被捏破了，小女孩的第一颗蛋没有成功，有点懊恼地说着。

“没关系，我们再试一颗，这次手指可以放松一点，打开蛋，对准分蛋器的凹洞放下，蛋黄就会留在洞里了。”

我看着小女孩，一边鼓励她再试一次，一边提醒细节。果然这次成功了！

“大家快看看，这颗蛋白和刚刚的不一样，好像比较不黏。”

四岁小男孩发现了蛋白之间的差异，感觉流经手指的蛋白质地有些不同，看起来水水的。

“这颗蛋应该是放得比较久，不像之前的那么新鲜。你们看，新鲜的蛋磕开后，会很清楚地看到白白的系带。”

我习惯在孩子工作时把一些食材常识加入对话中，把想让孩子知道的事用他们能理解的语言融入正在进行的环节里。

“系带就是小鸡的安全带，当它开始要变成小鸡的时候，会帮助它在蛋壳里不会滚来滚去，就像小宝宝的脐带，是在妈妈肚子里的安全带。”

在跟小小孩说明卵黄系带时，用安全带来让孩子理解，是最贴近经验的一种说法。

“这颗放得比较久的蛋不好，它的安全带可能不安全了，都看不清楚了呢！”

四岁小男孩很会联想，重新诠释刚才的蛋白水漾现象，很自然地将它淘汰出局。

利用小小孩的已有经验去诠释新的观念，
通过实际动手操作去感受是最好的学习方式。

当一切都可以让小孩眼见为实时，今天新的知识便会成为小孩明天的旧经验，知识的积累就会越来越多了。

量一量，练习做纸模

开始制作蛋糕卷前，先准备铺在烤盘上的纸模，让孩子练习在纸上量出烤盘所需的大小，再沿着边线折出线条。

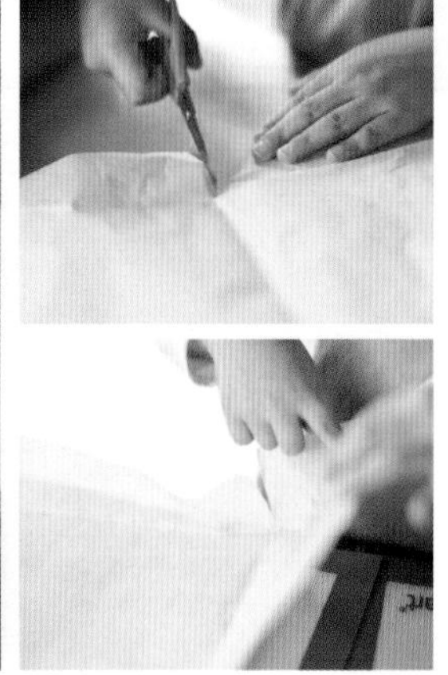

小贴士

团体活动时大人可以适时协调，请先完成工作的孩子协助需要帮忙的同伴。

四岁的孩子手眼协调发展有个体差异，能力好的孩子可以准确地对准线，剪出需要的线条；动作不够娴熟的孩子可以多练习几次。

画个圈，剪下底纸

把活底蛋糕烤模底板拆下，用烘焙纸制作一个相同面积的防粘底纸。

卷蛋糕的动作对四岁小小孩来说会过于困难，将打发好的鲜奶油填入围着蛋糕片的烤模，是个不错的变通方式。在制作蛋糕卷前，先将需要的辅助模型都准备好。

建立多与少的概念

四岁的年纪还不太清楚两位以上的数字，配方中的称量超过两位数，对小小孩来说是个挑战。当孩子练习称量时，建立多与少的概念是学习的重点。

小贴士

大人可以从旁协助提醒称量时对应的数字是什么，例如12这个数值尚未建立时，可以换个方式提醒："要出现一个1和一个2，1在左边，2在右边。"有了多与少的概念后，数值概念自然就会出现。

分离蛋黄与蛋白

分离蛋黄与蛋白需要相当的专注力，先将蛋壳敲开一条裂缝，再用双手拇指轻轻将蛋壳分成两半，同时注意让鸡蛋刚好掉在分蛋器的凹洞里，这对小小孩的专注力是个很好的练习。

每个孩子在蛋黄准确落下前神情都十分严肃，当顺利完成分蛋任务时会立刻开心起来。

观察蛋白质地的改变

打发蛋白时需要持续快速地搅打，电动打蛋器可以让这件工作进行得又快又好。在透明打蛋盆里，蛋白随着快速搅拌的时间增长，体积与质地也跟着改变，孩子看得到蛋白质地改变的过程。

时间充裕时，也可以试着让孩子练习用手动打蛋器快速搅打蛋白。

打到差不多时，拿出打蛋器，“看，要打到像这样子，有尖尖的小峰，不会垂下来。”

拌和的技巧

拌和面糊与打发好的蛋白时，提醒孩子不要过度搅拌，要从盆底将面糊向上翻起，用切拌的方式混合均匀。

铺平蛋糕糊和鲜奶油

制作蛋糕卷时，让孩子来做将面糊平铺至烤盘的工作，当刮板接触到蛋糕糊时，要提醒孩子控制力道，用刮板前缘轻轻地将面糊推平至烤盘四角，直到平整为止。

卷起蛋糕前的平铺鲜奶油工作，可以让孩子练习完成。

小贴士

铺平蛋糕糊和鲜奶油是不同的手感，可以试着让孩子说说两者的差异。

蛋糕卷的华丽变身

留下半盘的蛋糕片，切成与蛋糕模相同高度，然后切下适中的长度（足够圈成一个圆），让孩子填入鲜奶油，最后摆上切好的水果作为装饰。

发现问题，
一起找替代方法

小孩在制作过程中，发现最后装饰的水果不够亮丽，提议去寻找身边的食用野果，加以点缀。

南瓜戚风蛋糕
牛奶戚风蛋糕卷

南瓜戚风蛋糕

Pumpkin Chiffon Cake

分量：8寸

	材料	用量	烘焙百分比（%）
面糊	蛋黄	5个	
[做法1~3]	细砂糖	20克	22
	橄榄油	30克	33
	低筋面粉	90克	100
	南瓜泥	90克	100
	牛奶	2小勺	
蛋白霜	蛋白	5个	
[做法4]	砂糖	60克	66
	柠檬汁	1小勺	

【烤箱预热：上火170℃，下火160℃】

[做法]

1. 将蛋黄、细砂糖、橄榄油混拌均匀。
2. 加入过筛的低筋面粉，顺着同一方向切拌至无粉粒。
3. 将南瓜泥拌入蛋黄面糊，再加入牛奶混匀。
4. 先用打蛋器将蛋白打至呈鱼眼状大泡泡状态，加入20克砂糖，再加入柠檬汁，继续搅打，剩余40克砂糖分两次分别在出现细泡和纹理时加入，直至打至干性发泡（拿起打蛋器出现蛋白呈直立状而不弯曲）。
5. 取1/3蛋白霜拌入蛋黄糊中，翻拌均匀后再拌入剩余蛋白霜，至完全混匀。倒入戚风蛋糕模，至八分满，轻敲两下排气，入预热好的烤箱烤40~45分钟。

[要点]

· 戚风蛋糕的蛋白霜打到干性发泡即可。打得太过的蛋白霜表面粗糙、结球状，与蛋黄糊拌和时不好拌匀，导致翻拌次数过多，烤的时候更容易消泡，口感变得有韧性而不是松软。适合戚风蛋糕的蛋白霜，拉起来呈小的尖角，看起来呈湿润、有光泽的状态。

· 准备几个戚风蛋糕烤模或杯子蛋糕容器，若有剩余蛋糕糊，可多烤几个小蛋糕，同样的蛋糕糊变换不同容器装盛，就会让人有不同的感受。

· 体积变小的蛋糕，烘烤时间也要跟着减少，出炉后一样倒扣放凉。

· 戚风蛋糕配方里面粉比例少、水分比例大，烘烤后组织较松散，需要在烘烤时借着粘附模具才能往上爬升，所以不能选择防粘烤模或抹油防粘，成品出炉必须倒扣放凉让内部水分散出。

· 选购戚风蛋糕烤模，要挑底部可以分离的活底模具，放凉完成的蛋糕才能顺利脱模。脱模时，用脱模刀或扁平小刀沿烤模边缘及底部刮一圈即可。

牛奶戚风蛋糕卷

Chiffon Cake Roll

分量：42×32 厘米烤盘成品（厚 2 厘米）

	材料	用量	烘焙百分比（%）
面糊	橄榄油	130 克	86
[做法 1~4]	牛奶	130 克	86
	低筋面粉	150 克	100
	蛋黄	10 个	100
	全蛋	1 个	
	朗姆酒	适量	
蛋白霜	蛋白	10 个	
[做法 5]	砂糖	180 克	120
鲜奶油霜	动物性鲜奶油	500 克	
[做法 9]	砂糖	50 克	
其他	橘子果酱	适量	

【烤箱预热：上火 180℃，下火 150℃】

[做法]

1. 橄榄油、牛奶混拌加热至 65℃。
2. 加入过筛的低筋面粉，顺着同一方向切拌至无粉粒。
3. 分次加入蛋黄及全蛋液拌匀。
4. 然后加入适量的朗姆酒（或任何水果风味酒）。
5. 先用打蛋器将蛋白打至鱼眼状大泡泡状态，加入砂糖，打至干性发泡（拿起打蛋器出现直挺小尖）。
6. 取1/3打发好的蛋白霜拌入蛋黄糊，翻拌均匀后再拌入剩余蛋白霜，至完全混匀。
7. 将蛋糕糊倒入铺好纸模的烤盘，以刮板轻轻推平，轻敲两下排气，入预热好的烤箱烤 15~18 分钟。
8. 出炉后立刻将蛋糕体移出烤盘，剥开四边的纸放凉。
9. 将鲜奶油打至浓稠状，加入砂糖，搅打至体积变大，不会流动即可。
10. 在蛋糕体表面盖上一张大于蛋糕体的蛋糕纸，双手抓住蛋糕纸两边，慢慢将蛋糕翻面。接着撕掉纸模，去除不规则的边后，将鲜奶油霜和橘子果酱平铺在蛋糕体上。
11. 取一擀面杖放在蛋糕纸下方，卷在蛋糕纸内，再把擀面杖抬高，置于蛋糕体上方，顺势将蛋糕向前卷起。
12. 卷完用擀面杖向内轻推，让蛋糕卷结构更紧密些，两端收口后放入冰箱冷藏。

[要点]

· 拌入低筋面粉时，记得不要过度搅拌，轻轻拌和即可。若面糊里还有些许粉粒，待全部液体加入后，静置一会儿自然就会散开。
· 出炉放凉时要先将四边的纸剥离蛋糕体，方便水分散出。
· 理想的打发好的鲜奶油呈浓稠状，在容器内可定住不流动，外表细致光滑。
· 一般而言，蛋糕体表面出现膨胀裂纹，开始闻到蛋糕香就可以准备出炉了。出炉前再用蛋糕探针刺入蛋糕中心点，如果抽出来没有粘黏蛋糕糊就表示烤好了。

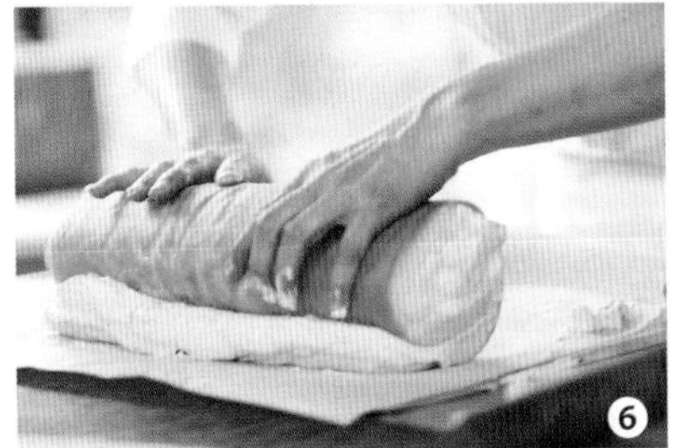

小小孩在经历过制作烘焙饼干后，对材料有了基本认识，这时练习自己用秤称量更能掌握工作重点。不过也要提醒爸爸妈妈们，小小孩学习上有差异很正常，无须和别人比较快慢，让小小孩喜欢动手做，喜欢学习，会发现小小孩累积知识的速度超乎想象。

容器与成品

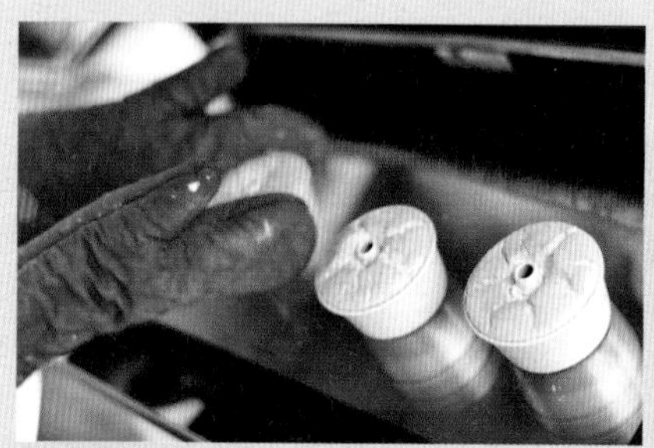

▶ 相同的蛋糕糊放入不同的容器就变得不一样了。

▶ 小小孩喜欢小小的蛋糕轻巧可爱，我喜欢有点分量的蛋糕保湿柔软。容器除了可以改变成品外观，质地也会因受热穿透力不同而产生不同的口感，品尝成品时可以试着让小小孩说出不同的地方。

学习称与量

▶ “看得懂数字”和“知道数字的意义”是两个阶段，在称量的过程中，数字会随着物体数量的改变而产生变化。

▶ 小小孩在秤台上增减物体时，了解到数字改变的具体意义，看得到的变化构建了质量与数字的关联性。

第6课

为蛋糕淋上美丽外衣

装饰蛋糕——4岁

巧克力甘纳许蛋糕 老奶奶柠檬蛋糕

望着冷藏柜里的各式蛋糕，我的眼睛总会停留在巧克力的品相上，表面撒满了巧克力屑的黑森林、夹了顺滑巧克力甘纳许内馅的凯萨蛋糕、淋上镜面巧克力或仅仅是干净清爽的巧克力戚风蛋糕，都会让我陷入取舍的纠结里，通常最后都在每种都买一个的情况下了结。

我想知道在选择蛋糕上，别人是否有和我一样的困扰，近日对身边的人进行了访问，70% 第一选择是巧克力口味，10% 选择原味，另外的 20% 不喜欢甜食。

怎么会有人不喜欢甜点呢？我好奇地开启了深入访谈的节奏。

“为什么不喜欢甜点，你不觉得饭后来上一小份迷人的甜点才算是完美的结束吗？”我带着想要说服的语气不解地问着。

“应该是说，我不喜欢太甜的甜点，真不明白为什么点心都一定要做得那么甜！如果一定要我选的话，我会选择布朗尼蛋糕（Brownie），但不能太甜。”朋友又再次强调对甜度的标准，脸上的表情充满对过甜点心的厌恶。

“布朗尼也算巧克力蛋糕的亲戚，所以还是投了巧克力一票嘛！”我为巧克力蛋糕多拉了一票而开心不已。

“我觉得除了甜度之外，制作原料的优劣才是关键因素，偶尔也会吃到觉得好吃的，但不能太甜。”我的朋友很可爱，对于不能太甜强调了三次。

大部分市售蛋糕糖分比例较高是因为有销售考量，
自己在家烤蛋糕，可以依个人口味调整甜度。

其实把蛋糕糖分比例提高，是为了保持蛋糕中的水分，延缓干燥和老化，但在家自制蛋糕就可以调整糖分比例，在一定范围内把糖分降低或提高。一般来说，高糖分面糊类蛋糕配方里的糖量为110% ~ 180%（面粉量为100%，高糖分是指配方里的用糖量高于面粉，反之是低糖分），如果蛋糕烤好了，下次想提高或降低一点甜度，在110% ~ 180%之间都可以实验看看。

在蛋糕上淋上糖霜或巧克力酱会让蛋糕吃起来更有层次感，蛋糕体与淋酱要互相搭配，甜的蛋糕就搭上微酸的淋酱，而配方中糖分较高的巧克力蛋糕，就使用苦甜巧克力来制作巧克力甘纳许淋酱，以保持味蕾对甜度的平衡。

一直以来我认为，
带着微酸口感的柠檬蛋糕是属于大人口味的，
路上遇到的小男孩却给了我不一样的启发。

那天，我提着刚淋上柠檬糖霜的蛋糕想让大家尝尝，走在夕阳下，在往餐厅的小路转角处遇上了三岁男孩。

“漂亮妈妈，这蛋糕是你做的吗？闻起来有一种好吃的味道。”

三岁男孩看我手上提着柠檬蛋糕，跟着我一直转。我想是蛋糕上的柠檬味刚好被一阵风吹了出来，使嗅觉特别灵敏的小小孩露出期盼的眼神。

“这是有点酸的柠檬蛋糕，你会喜欢这种口味吗？”

我真心询问小小孩的意见。看来我有点被制约了，以为小小孩不会喜欢微酸口感。

“那我吃吃看就知道喜不喜欢了呀！”

三岁男孩提了一个皆大欢喜的好点子，同时解决了两人的问题。

“吃吃看就知道喜不喜欢”和“试试看就知道会不会”，我想是具有同样振奋含义的。“不去做怎么会知道”，三岁的孩子竟然可以体会得这样深，大人在教导孩子的时候，有时启发的却是自己。

照数字形状，加热化开黄油

55是多少呢？三岁的孩子正在建立量与数的概念，会数数、认得数字、知道数字的意义是不同阶段的认知发展。要把黄油加热化开到55℃，先帮小小孩在本子上写上大大的数字，当看到温度计显示一样形状的数字时，就表示温度到了。

小贴士

柠檬蛋糕需要化开的黄油较多，小小孩说玻璃瓶好像放不下全部呢！“试试看先化开一半，体积会不会变小？”化开的黄油填满了原来的空隙，空出地方再把剩下的一半放进玻璃瓶里。

再次隔水加热，将黄油全部化开。 确认温度。

小贴士 黄油从室温加热到55℃需要一些时间，三岁女孩也想测试黄油的温度，一起参与工作，小孩兴致会更高。

一人一半，分工合作

“我想要打开四颗蛋，我已经学会了。”三岁女孩很有自信地说。有过打开蛋壳的经验，小小孩对新任务得心应手。三岁男孩也想表现一下，两个小孩自己协调每人打开一半的鸡蛋。

小贴士

当孩子有些争执时，大人可以先退后观察，让孩子自己达成协议。

三岁孩子自己分配工作，一人负责把蛋打散，一人负责整理桌面。

▸ 蛋液变化的过程

加热到45℃的蛋液，孩子说看起来有点像透明的果冻。

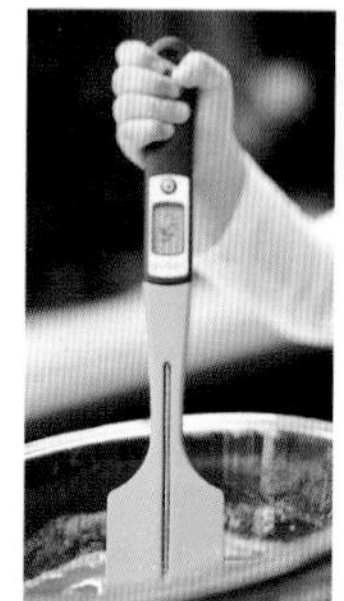

倒入搅拌机里打发，当空气打进去时，颜色就会慢慢变淡，温暖的蛋液在透明的搅拌缸里体积变大了。

▸使用不同的粉筛工具，注意不同细节

面粉过筛是小任务，如果用的是弹簧粉筛，小小孩可以练习手指的握力；使用细网式粉筛，就要注意使面粉落到玻璃盆里。

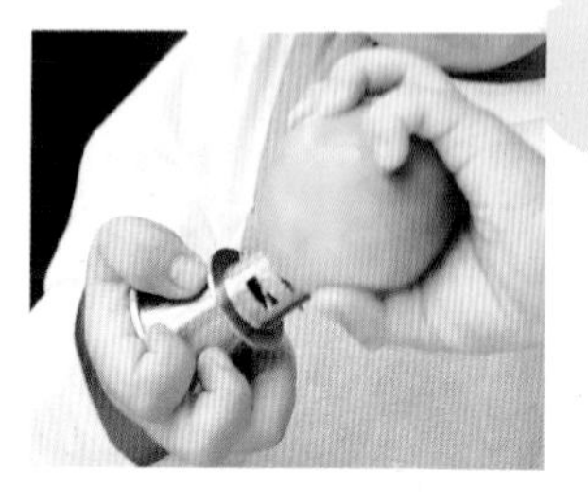

把取汁器转入柠檬轴心

用取汁器挤柠檬汁时，小小孩双手要分别用力握紧柠檬与工具，将取汁器对准柠檬的中心（轴心）旋入，当取汁器的小钢片破坏柠檬果肉结构后，就可以轻松挤出柠檬汁。

小贴士 在工作中提供方便孩子操作的工具与适度的挑战，可以提高孩子的学习动力。

刨柠檬皮，当香料

柠檬绿色表皮含有香精，可把表层绿皮刨下来，当作香料使用。刨柠檬皮时，要提醒孩子留出一些厚度用来接触工具，大人可以帮忙固定刨皮器一端，让小小孩专注于刨皮工作。

糖霜里放点柠檬皮，香香的。

▸做巧克力淋酱，先敲碎再化开

制作巧克力甘纳许淋酱之前，请小小孩先把巧克力敲成碎片，把鲜奶油加热到70℃，让会看数字的四岁姐姐来帮忙，温度到了就可以把巧克力碎片加入化开。

搅拌化开巧克力碎片

为蛋糕穿上美美的衣服

在冷却的柠檬蛋糕上淋上糖霜，撒上细细的绿色柠檬皮，为蛋糕穿上衣服。

在巧克力戚风蛋糕上淋上浓浓的巧克力甘纳许酱，美丽的外衣改变了蛋糕朴实的样貌。

老奶奶柠檬蛋糕
巧克力甘纳许蛋糕

巧克力甘纳许蛋糕

Chocolate Ganache Cake

分量：1个（9寸）

	材料	重量（克）	烘焙百分比（%）
蛋黄面糊	水	80	80
[做法 1~3]	可可粉	30	30
	牛奶	80	80
	蛋黄	144	144
	油（任何液体油）	80	80
	低筋面粉	100	100
	玉米淀粉	36	36
蛋白霜	蛋白	288	288
[做法 4]	砂糖	144	144
	塔塔粉	2	2
淋酱	巧克力	200	
[做法 7]	鲜奶油	200	

【烤箱预热：上火 170℃，下火 170℃】

[做法]

1. 将水、可可粉、牛奶混拌均匀。
2. 蛋黄打散，分次加入液体油至完全乳化，再加入水、可可粉、牛奶混合物拌匀。
3. 拌入过筛的低筋面粉、玉米淀粉，顺着同一方向切拌至无粉粒。
4. 先用打蛋器将蛋白打至出大泡泡后，加入砂糖、塔塔粉，打至干性发泡（注：干性发泡即拿起打蛋器蛋白呈现坚挺小峰）。
5. 取1/3打发的蛋白拌入蛋黄糊中，拌匀后再加入剩下的蛋白霜混匀。
6. 准备 9 寸戚风蛋糕烤模，倒入面糊至八分满，轻敲两下排气，放入预热好的烤箱烤 30 分钟。出炉后立刻移出倒扣放凉。
7. 鲜奶油隔水加热至 70℃，关火，然后加入巧克力搅拌至完全化开。
8. 蛋糕体冷却后，脱模，放在下有托盘的网架上，表面淋上做好的巧克力甘纳许淋酱即可。

[要点]

· 蛋黄先将油乳化完全，后续混拌会事半功倍。

· 配方里的糖全部用来打发蛋白霜，是为了让蛋白打发时结构更稳定，比较不易消泡。这个方法也可应用在其他戚风蛋糕制作上。

· 巧克力甘纳许淋酱，就是简单地将巧克力加鲜奶油混合均匀，两者用的比例会影响软硬度，可试着自己调整。巧克力的质量也会影响淋酱口感，建议选择纯度较高的巧克力。

老奶奶柠檬蛋糕

Granny's Lemon Cake

分量：1个（7寸）

	材料	用量	烘焙百分比（%）
蛋糊	黄油	160克	160
[做法1~3]	全蛋	4个	
	细砂糖	140克	140
	盐	1/2小勺	
粉料	低筋面粉	100	100
	泡打粉	1/2小勺	
	杏仁粉	50克	50
其他	柠檬汁	20克	20
柠檬糖水	冷水	20克	
[做法7]	细砂糖	30克	
	柠檬汁	20克	
披覆糖霜	糖粉	300克	
[做法8]	柠檬汁	60克	
装饰	柠檬皮屑	适量	

【烤箱预热：上火 160℃，下火 170℃】

[做法]

1. 将黄油隔水加热至 55℃。
2. 全蛋打成蛋液，加入细砂糖、盐混拌均匀，隔水加热至 45℃，此时蛋液会变成像透明溏心蛋状。
3. 将蛋液倒入搅拌机，搅打到颜色变淡、不流动，浓稠到拉起可以写字的程度后，慢慢拌入加热好的黄油，搅拌均匀。
4. 将低筋面粉、泡打粉、杏仁粉过筛，加入到混合液中，切拌均匀，再滴入柠檬汁。
5. 准备 7 寸烤模，倒入面糊至七分满（如有剩余可倒入小烤模或杯子蛋糕纸模）。
6. 将烤模放入预热好的烤箱烘烤 15 分钟，掉头再烤 10~15 分钟，见蛋糕中央出现膨胀裂纹、闻到蛋糕香气即可。或者用蛋糕探针刺入中心点，拿起来没有粘黏面糊就可以出炉。
7. 将冷水、细砂糖、柠檬汁混合制成柠檬糖水，趁蛋糕体还有余温时刷上，使蛋糕体充分吸收，柠檬香气会更浓郁。
8. 将糖粉和柠檬汁混合均匀，待蛋糕体冷却后淋上，撒上柠檬皮屑装饰（糖霜里也可以先刨些柠檬皮放进去）即可。

[要点]

· 全蛋打发时，温度的掌控很重要，不到 45℃很容易失败。制作时先请孩子加热黄油，等黄油温度达到 55℃时，再加热蛋液。
· 温控不良，蛋液无法打发，难以支撑结构，烤出的蛋糕体不会膨松。一旦发生这种状况，有个补救办法，就是可另外打发蛋白霜加入最后的面糊。
· 如果不喜欢太酸，刷柠檬汁的量可自行调整。
· 披覆用柠檬糖霜可分两次淋在蛋糕表面，等第一次淋上的糖霜稍微硬化，再淋第二次，蛋糕看起来会更有层次感。

在每一次的烘焙学习中加入一些问题，不同的温度会产生什么变化？先加热蛋液，还是先加热化开黄油？如果到达需要的温度，哪一种会比较快冷却？用小小孩可以理解的语言一起讨论与发现，是亲子一起学习烘焙很有趣的时刻。

建立多与少、快与慢的概念

▶ 砂糖、盐一起加入蛋液里，要加热到45℃。“45比55少，会比较快吗？”三岁男孩很会思考，小小孩在实际操作后有了多与少、快与慢的逻辑思维。在看得见的温度变化中，孩子有了等待时间长短的概念。

培养解决问题的能力

▶ 烘焙点心的技巧与经验增加了，那么排除困难的能力也会增加。在没能顺利打出配方里需求的蛋液时，试着再打一点蛋白霜加进去，或许因此就可创造出新口感的柠檬蛋糕。

小贴士

亲子一起学习烘焙，本着实验的精神，创新就有可能发生。

第7课

在蛋糕与面包之间

司康、比司吉—4岁

原味司康 南瓜司康 鲜奶酵母比司吉

树荫下，透过落地窗传来小小孩的笑声，我往屋里望去，只见三位小小孩正在讨论着有关比司吉制作的食谱书。

年轻时在炸鸡快餐店第一次吃到这个点心，松散的口感和台式弹牙的面包有着很大的差异，当时广告单上醒目的诱人炸鸡和咧嘴微笑的比司吉，怎么看都是门当户对，这样的形象深入人心，总觉得不把它们配在一起像做了件棒打鸳鸯的蠢事。所以，我对比司吉的记忆是和快餐炸鸡、青春岁月连在一起的。

认真说起来，比司吉和司康确实是短时间内可看到成果的烘焙小点，比司吉的原料并不复杂，很容易就能在超市购齐，将原料快速拌和后冷藏，再切模成形入烤箱，只需一小时就可以看到成品出炉，对于缺乏耐心的小小孩是很好的提振信心的点心。比司吉（Biscuit）在美国南方是以泡打粉或小苏打取代酵母作为膨松剂

制成的小面包，外皮烤得焦黄坚脆，内里蓬松绵软，类似英国下午茶点司康（Scone），由于发酵制作过程不耗费时间，所以一般称为“速发面包”。

“我喜欢这种口味，里面的黄色好像是南瓜，应该是像南瓜蛋糕一样加了南瓜泥。”

四岁小男孩很有经验地说着，他对于捣碎南瓜记忆深刻，举一反三地进行推论。

“这个里面加了葡萄干，我看到了，在这里。”

四岁小女孩手指着书里的葡萄干司康，热情地回应好朋友。

“这个看起来不一样！它的边上好像有一层层的皮，怎么会这样？”

对于司康里添加的材料与外形，大家都很有想法，小小孩此起彼伏、煞有介事地讨论着。

“漂亮妈妈，为什么这个比司吉长得不一样呢？”

发现外形有差异的四岁小男孩抬起头问我，殷切地想知道答案。

“喔！这个是加了酵母的比司吉，和前面的材料有点不一样呢，你们看，这里写的是中筋面粉。”

虽然四岁的孩子不太认识字，但还是可以辨识字的形状不同，我用手指出配方的差异，接着说：

“你们知道中筋面粉和低筋面粉有什么不同吗？要不我们今天来试试，不同的面粉做出来的比司吉吃起来有什么不一样？”

回答的同时，我也抛出新的问题。

和小小孩一起工作时，抛问题并不需要急着回答，让孩子有段反思时间和操作体验。

小孩对于吃进嘴里甜点的口感，在努力工作之后肯定会有不同的体悟。我喜欢在制作过程中加入一些新的挑战，比如说在相似的配方里加入果泥或果干让孩子试做，看看成品会有什么不同？有什么细节需要重新修正？通过大人的提醒，你会发现小小孩能很快找到重点。

“这个南瓜口味加的水和原味的不一样多，为什么呢？”

正在称量的小男孩看到弹簧秤指针停在不同的位置，首先提出疑问。

四岁的小孩还不太会看电子秤上的数字，称量可以从能看到指针的弹簧秤开始练习，看得见指针移动，可加强孩子对秤台上物品多与少概念的理解，小小孩能发现正在量的水的差异。

“你们摸摸看，面粉和南瓜泥有什么不同？”

我想把答案放在孩子的体会里，便顺手拿了一些面粉和南瓜泥在小孩面前，鼓励他们伸出手摸摸看。

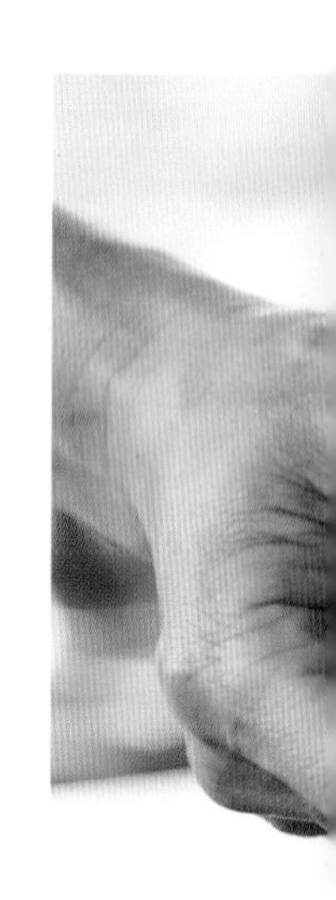

“南瓜泥摸起来黏黏的，面粉是干的。”

小女孩动作很快地伸手试摸，说出自己的体会。

“那这两样加在一起呢？”

我另外准备了80%面粉重量的水，请小孩加进面粉里。

“面粉变成黏黏的了！”

小女孩搅拌之后发现了变化。

把抽象的概念化为实际行动，
对眼见为实的小小孩是很有用的。

要建立南瓜含水量80%的概念，通过实验最能让孩子体会，大人有时不需急着说明，让孩子把水加进面粉中，含水量的具体意义也就进入了孩子的烘焙背景知识里了。

加了南瓜泥的配方，水就要减少一些，这个实用的概念可以运用在之后的烘焙点心方面，在每一次遇到要用到果泥的作品中都可以让孩子再次复习含水量的意义。

看得见指针的称量练习

小小孩的称量练习从能看得见指针的弹簧秤开始，把需要的重量值标出来，当面粉的重量到达标记时，就是重量足够了。通过指针移动可帮助孩子理解重量这一概念。

小贴士

对于精确的少量称量可换成电子秤，或大人事先将其转换成容积（如1小勺盐＝4克）也可以。

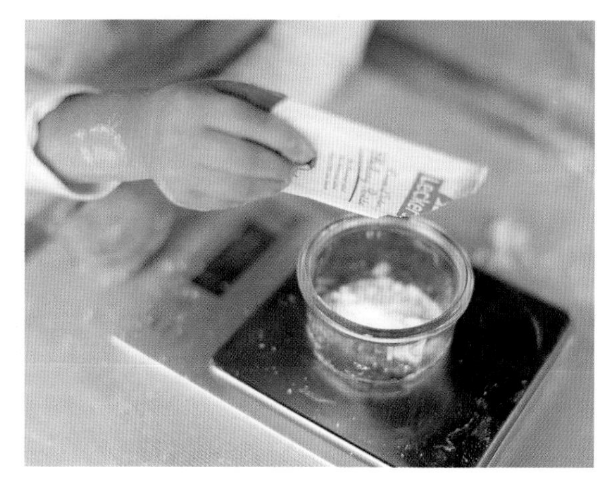

体验用双手揉搓拌和

把黄油丁揉搓进粉类材料时，可以先让孩子以双手练习揉搓，直观感受一下冰黄油丁和面粉拌和时的变化，当然也可使用压泥工具把黄油丁和粉料充分压和。

▸观察温牛奶中酵母的变化

第一次使用酵母，小小孩认真观察温牛奶中酵母的变化，通过适宜酵母活跃的温度，孩子们看见了开始发酵产气的酵母的活力。

整面团，三折两次

冷藏完成的司康面团需要经过三折两次的整形，整成厚约 2.5 厘米的面皮，再用饼干压模压出适合的大小与形状。

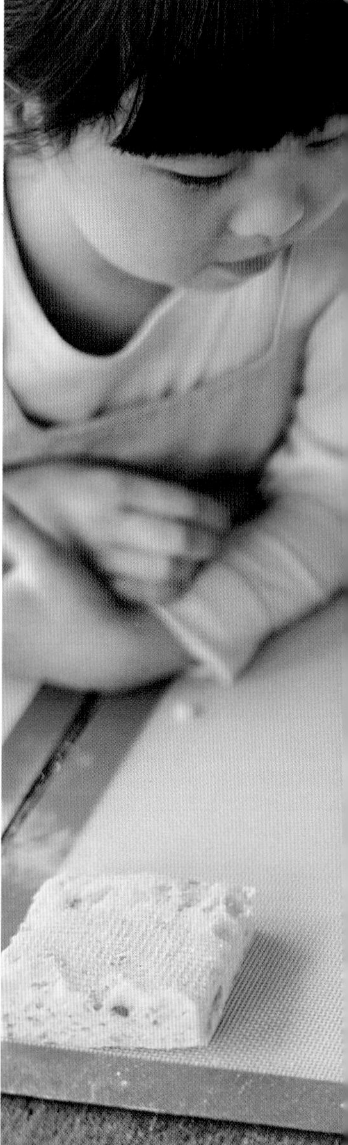

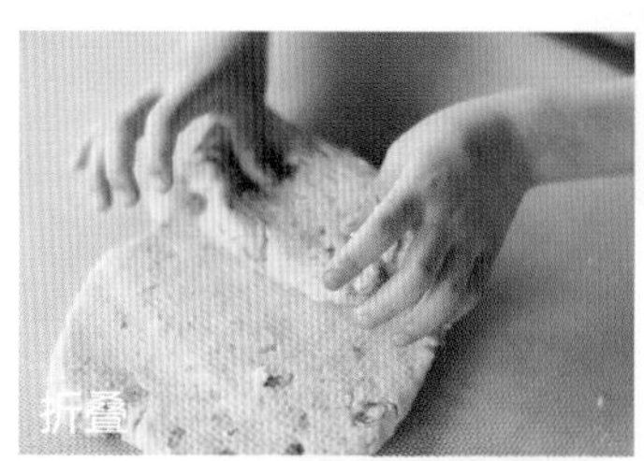

折叠

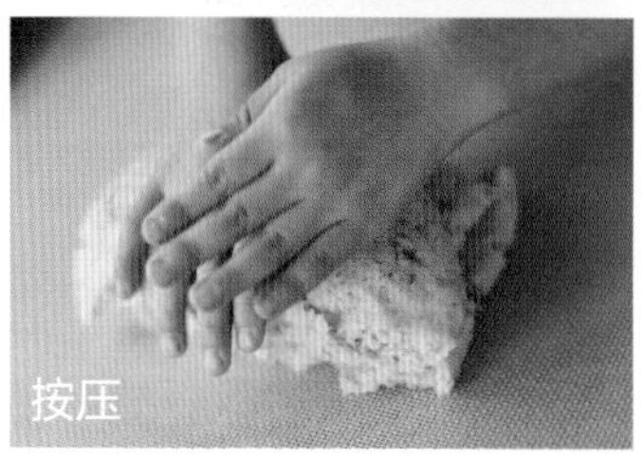

按压

小贴士

司康面皮比饼干要厚实许多，压出形状对于小孩是个考验，除了双手一起按压外，有时也会需要借助全身的力量才能完成。

取出司康，训练手部平衡

对于刚出炉的司康，可让孩子自己试试移出烤盘。高温的司康底部有化开的油脂，取出途中若没有维持平衡，派铲上的司康就会滑落下来，因此取出司康可以训练孩子的手部平衡。

南瓜司康
原味司康
鲜奶酵母比司吉

原味司康

Original Scone

分量：6 个

	材料（※ 可省略）	重量（克）	烘焙百分比（%）
粉料	低筋面粉	300	100
[做法 1]	吉士粉 ※	30	10
	泡打粉	9	3
	砂糖	45	15
	盐	2	0.7
黄油	无盐黄油（冷藏）	75	25
液体材料	鸡蛋（1 个）	50	17
[做法 3]	柠檬汁 ※	6	2
	鲜奶油（或酸奶）	90	30

[做法]

1. 将低筋面粉、吉士粉、泡打粉放入大碗，加入砂糖、盐混匀。
2. 将无盐黄油切小丁，拌入混合的粉料中，用手搓匀至无黄油块。
3. 将液体材料混匀，加入混合粉料中揉成团，装入塑料袋后封口，再放入冰箱冷藏至少 1 小时。

【烤箱预热：200℃】

4. 从冰箱取出面团，将面团擀平，经三折两次后整成厚 2~2.5 厘米的面皮，然后用圆形压模压出适合的大小或切成自己喜欢的大小，再在上面抹上黄油或刷上蛋液。
5. 放入预热好的烤箱中烘烤约 18 分钟，至表面微金黄。

[要点]

· 配方里的低筋面粉也可改成中筋面粉。用低筋面粉做，口感酥松，像蛋糕；换成中筋面粉，口感较扎实，像面包。此配方使用的面粉都能随意更换，可试验看看。

· 不经过发酵作用的面粉最好都要过筛，尤其是易结块的低筋面粉，过筛后可恢复膨松，便于与其他粉料混合均匀，否则做出的成品容易有结块现象，影响口感。

· 一般来说司康会呈现酥松的口感，是因为黄油在冰凉状态下和面粉揉搓成松散的金黄粉粒，成团冷藏后烘烤，就会有漂亮的裂口（又称作狼口）。回温的黄油在混合面粉时不能保持松散颗粒，会成为类似油酥的状态，烘烤后无层次感，不是我们期待的口感。

· 面团三折两次，是指将面团擀平，呈长方形，折成三折，变成三分之一大小，把面团转 90 度擀开；再折成三折，擀至所需要的厚度。

南瓜司康

Pumpkin Scone

分量：6个

	材料（※可省略）	重量（克）	烘焙百分比（%）
粉料	低筋面粉	300	100
[做法1]	吉士粉 ※	30	10
	泡打粉	9	3
	糖粉	45	15
	盐	2	0.7
黄油	无盐黄油（冷藏）	75	25
液体材料	鸡蛋（1个）	50	17
[做法3]	柠檬汁 ※	6	2
	南瓜泥	110	36.6

[做法]

1. 将低筋面粉、吉士粉、泡打粉放入大碗，加入糖粉、盐混匀。
2. 将无盐黄油切小丁，拌入混合的粉料中，用手搓匀至无黄油块。
3. 将液体材料混匀，加入混合粉料中揉成团，装入塑料袋后封口，再放入冰箱冷藏至少1小时。

【烤箱预热：200℃】

4. 从冰箱取出面团，将面团擀平，经三折两次后整成至厚2~2.5厘米的面皮，然后用圆形压模压出适合的大小或切成自己喜欢的大小，再在上面抹上黄油或刷上蛋液。
5. 放入预热好的烤箱烘烤约18分钟，至表面微金黄。

[要点]

· 前面原味司康用的是“砂糖”，这里用“糖粉”，成品吃起来略有不同。配方里使用砂糖，成品会带有甜甜的颗粒感，可互换着做做看。

· 范例中南瓜司康是圆形的，除了用饼干压模压出面皮外，也可换成大小适宜的玻璃杯、裁剪适合的饮料瓶，都可以达到相同的效果。以我的经验，用可乐饮料瓶可以做成较硬的压模，打开瓶盖，方便通气，压下的面团较易脱模。

· 南瓜蒸熟压泥就好，不需要用到果汁机。如果喜欢鲜橘色，可保留外皮一起压碎，成品会有橘红色点状的有趣变化。

鲜奶酵母比司吉

Milk-yeast Biscuit

分量：6个

	材料	重量（克）	烘焙百分比（%）
粉料	中筋面粉	400	100
[做法1]	泡打粉	7	1.75
	糖粉（或砂糖）	30	7.5
	盐	8	2
黄油	无盐黄油（冷藏）	150	37.5
液体材料	速发酵母	5	1.25
[做法3]	（*或酵种）	（80）	（20）
	温牛奶	50	12.5
	鲜奶油（或酸奶）	155	38.75

[做法]

1. 将中筋面粉、泡打粉放入大碗，加入糖粉、盐混匀。
2. 将无盐黄油切小丁，拌入混合的粉料中，用手搓匀至无黄油块。
3. 将液体材料混匀，加入混合粉料中揉成团，装入塑料袋后封口，再放入冰箱冷藏至少6小时。

【烤箱预热：200℃】

4. 从冰箱取出面团，将面团擀平，经三折两次后整成厚2~2.5厘米的面皮，然后切成自己喜欢的大小，在上面抹上黄油。
5. 放入预热好的烤箱中烘烤约18分钟，至表面微金黄。

[要点]

· 这个配方使用中筋面粉，是想要呈现类似面包的口感。

· 配方里的酵母可用速发酵母或酵种。使用的酵种会因起种材料不同风味会有所变化，而且成品保湿度较高，口感较好。

· 为了提供速发酵母适合的发酵温度，可把配方里的牛奶稍微加热至35℃微温。

· 若想要缩短制作时间，可在面团成团后室温发酵40分钟，再放入冰箱冷藏至少2小时后使用。

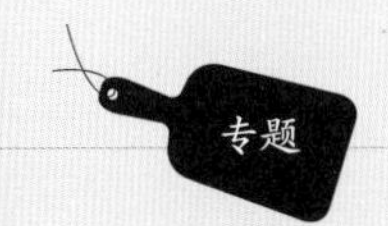

利用烘焙空当，亲子一起研究烘焙上的疑问，通过观察与触摸，小小孩会分享自己的感受。对实际操作过程印象深刻，小小孩就可以轻易记下来，慢慢累积烘焙知识。

分辨不同筋性的面粉

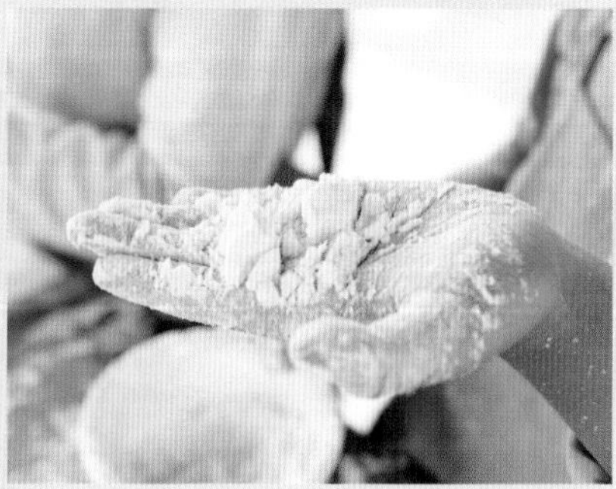

▶ 要分辨面粉的筋性，可以从面粉颜色和手的触感来着手。

▶ 低筋面粉蛋白质含量低，可研磨成较细颗粒，对光的反射力较高，看起来颜色比较淡；相反，中、高筋面粉蛋白质含量较高，面粉研磨无法像低筋面粉那样细致，对光的反射力相对低一些，颜色看起来比较暗沉。不小心把分好的材料弄混时，可以把两种面粉放在一起观察，颜色深的就是筋性较高的。

增进口感分辨能力

- 经过酵母发酵后的比司吉，外观有层次感，吃起来较湿润松软，口感比较像面包；而低筋面粉做的司康，吃起来较酥松，口感比较像蛋糕。在孩子品尝做好的成品时，可引导他们练习说出其中的差异。

认识发酵的作用

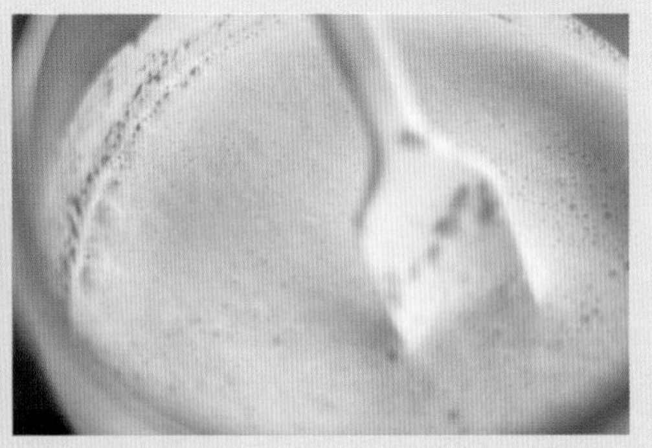

- 制作发酵比司吉面团时，可让孩子仔细观察酵母在温牛奶中的变化。为什么会有气泡产生？这些气泡在面团中发挥了什么作用？

▶ 牛奶里的酵母经过温度的“唤醒”，开始了发酵作用，产生的二氧化碳变成了往上冒的小泡泡。

▶ 左边，右边，哪个是经过发酵的？答案是：小女孩右手拿的比司吉。鲜奶比司吉中的酵母在发酵过程中已释放出二氧化碳，在放入烤箱前就已呈现发酵的膨松状态。酵母除了可以产生气体使面团膨松外，还可扩展面筋使成品口感更有弹性，较长时间发酵的面团会有更香醇的风味。

第二部分

寻 找
散落的酵母

看不见、摸不着的酵母是什么呢？在烘焙过程中小孩说：“酵母是让面包长大的小帮手。”酵母让面团发酵，创造出更好的风味，究竟面团、酵母、时间、温度如何配比才能发酵得最佳？帮助小小孩养酵母，让孩子自己去发现。

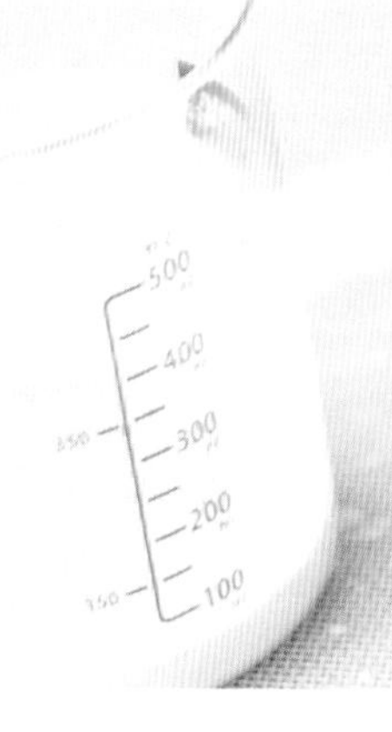

第8课

完美的快速面包

快速酵母直接法面包—3岁

鸡蛋牛奶吐司 奶酥葡萄干小餐包

我很喜欢吃面包。准确地说，应该是我很喜欢吃好的面包。

记得小时候，每天清晨，巷口面包店便会传来诱人的面包香，那是一种振奋人心的香气，是我在寒冷冬季清晨早起的动力。

众多的面包种类里，我最爱包着葡萄奶酥内馅的椭圆炸弹面包，外表裹着一层金黄焦香的酥皮，吃起来很有层次感。一盘盘不同内馅与造型的面包会陆续从屋内小门端出，有圆锥体里挤进奶油馅的奶油面包、有奶油馅夹心再撒上花生粉的花生夹心面包，也有葱花加上剖半热狗的咸口味。当时对店里面的面包厨房充满好奇与景仰，常常会趁老板娘帮我将面包装袋时，借机近距离向小门内探看，并悄悄在心里许下一个愿望，希望有一天自己也能做出如此美味。

高中在台北念书，那时候永康街开了一家新式的圣玛莉面包店，从店面沿着拐角一直到厨房的位置，全是落地玻璃窗设计，窗明几净的面包工作室完全颠覆了小时候巷口小店的阴暗神秘印象。

周六中午放学后，我常会特意在永康街下车，站在透明的厨房前，隔着玻璃窗出神地看着面包师傅很有韵律地切割、塑形、放入烤箱、出炉、挤装饰奶油，一长条淡黄色奶油在法棍面包表面迅速化开，从面团变成令人垂涎的法棍面包，这看得见的美味等待深深埋入了心里。

成为站在清透落地玻璃屋里的面包师，
是青涩的青春岁月里最向往的职业。

对面包的着迷慢慢变成一个嗜好，在陌生的城市里，我常会嗅出哪里会有好面包，或者应该说是相对好的面包。

橱窗里摆放的各式西点，最先入眼的是单纯的吐司，切成一半贩售的吐司最能看出面包师的功力，切好的吐司片要方正挺拔，外表金黄，四角圆弧没有锐角，切面平滑且带有光泽、不掉屑。能够

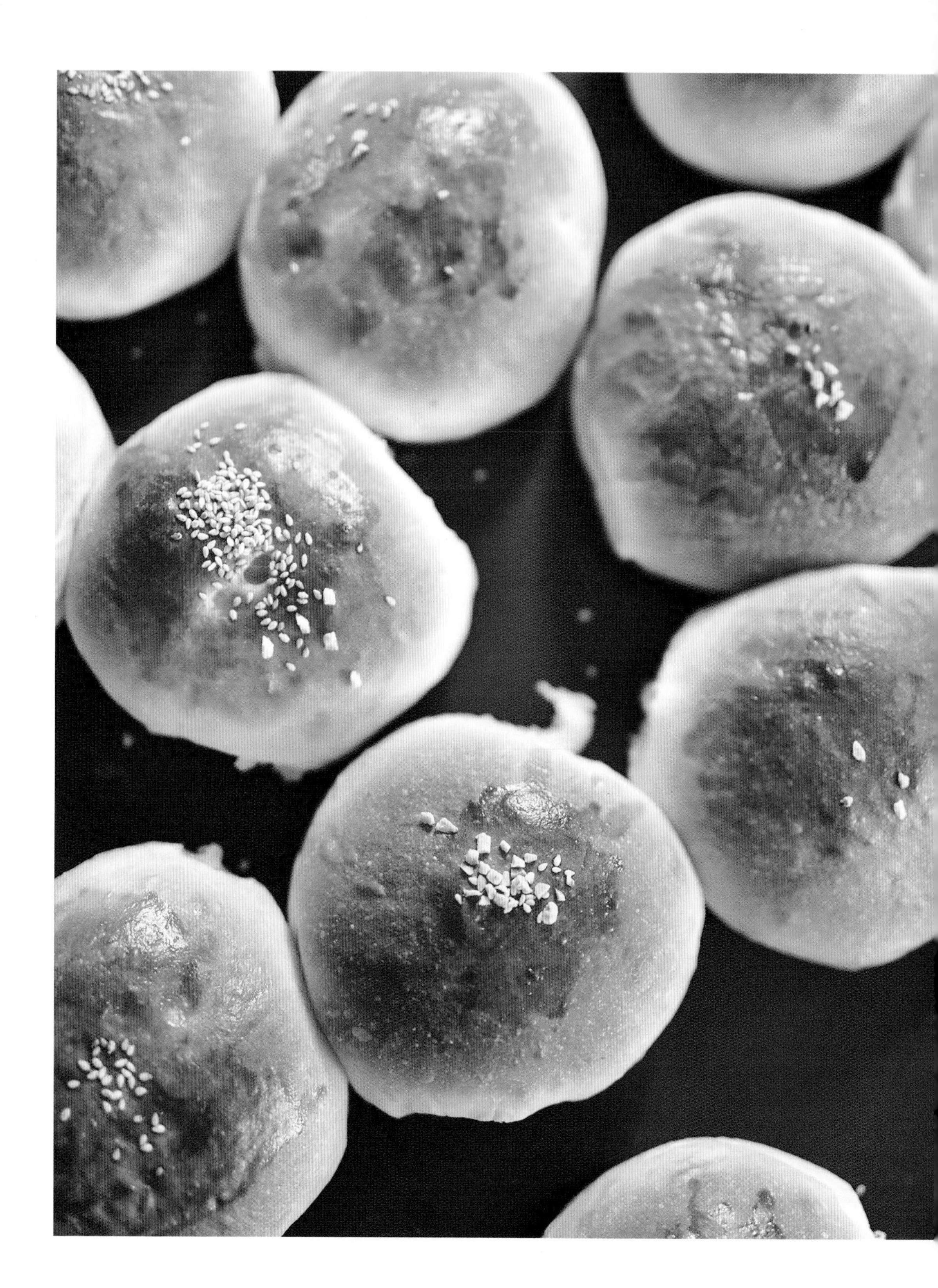

做出这样成品的面包师，制作的其他种类的西点肯定也会有相同水平，随意选购都不会让人失望。

最早是先仰仗市区里的好面包，慢慢味觉被训练得敏锐起来。直到搬离城区，城郊之间往返不易，才开始自己烘焙好面包。好的面包必须用心去烘焙，精选高质量的原料，虽然耗时，但当面包美妙的香气从烤箱里散发出来时，所有的辛苦等待都是值得的。

我想，这样的食育种子应该埋在小小孩的手作面包课里。

“这个面包好香哦！”

几个三岁小小孩趴在桌上，几乎贴着刚出炉的吐司，用力地闻着，样子陶醉极了。

“这是我们今天要做的面包吗？”

小小孩好想知道答案，这诱人的香气勾起了他们的兴趣。

“把所有东西放在一起搅拌，让面团睡一觉，然后分成小圆球，整理一下，放进烤模，再睡一次，等面团长大就可以烤了。”

我把制作流程用孩子可以理解的语言说了一遍。

“那很简单呀！搅拌我已经学会了。”

三岁女孩很有自信地说，对于搅拌面团她信心十足。

面包的香气引起小小孩学习的兴趣，让小小孩很有自信地认为凡事都可以做得很好。在面包香气里开始了三岁小小孩烘焙进阶课程。

给予孩子适当任务

给三岁孩子上的面包课要将开心当成起点。大人称量好材料，留下鸡蛋让孩子打开，三岁女孩小心仔细地完成了任务。再将所有材料倒入搅拌缸，初步混合之后按下启动键就可以了。

小贴士 在搅拌的过程中准备黄油小丁，滑滑的黄油很不容易固定，需要大人帮一下忙。

认识面团薄膜

拉起搅拌完成的面团一角，可以拉成一张薄膜。“薄膜做什么用呢？”小女孩不解地问。“它可以把空气包在面团里，面包就会变得很松软。”我说。孩子开心地拍拍面团，期待它快快长大。

滚圆胖胖的小面团

发酵完成的面团多了好闻的香气，大人帮忙切割分成小团，小小孩练习把胖胖的面团滚圆，包上保鲜膜，让面团再松弛一次。

练习滚动擀面杖和推卷

拍平面团，整成长椭圆形，三岁孩子还不太会掌握滚动擀面杖的力道，可轻推着孩子的手背辅助擀面杖向前，再让孩子练习一次。把面团推卷向前时需要大人帮忙卷起前端。只要练习几次，孩子推卷的动作就会越来越娴熟，等到完成推卷两次后，就可放入吐司烤模，让它慢慢长大。

每个孩子可以顺利完成的部分不同，因此大人要在他们需要帮助时再介入。

徒手拌面团好好玩

把手洗干净，第二个面团可以让孩子试试徒手操作。将液体材料都放进大碗里，然后倒入酵母粉混合均匀，再加入高筋面粉，用搅拌刮刀慢慢搅拌，在面粉变成面团后让孩子用手揉压，感受一下湿黏的面团。当面粉里的蛋白质彻底吸收水分后，就会变成光滑的面团。

将黄油与面团揉在一起

把面团移到小孩的工作台，把黄油丁包入拍平的面团后开始搓揉，此步骤可以让孩子操作。三岁小孩手的力道小，可以用折叠的方法，把黄油和面团慢慢揉在一起，直到看不见黄油丁，再分成四份，让小小孩自己揉出筋性。面团变小，孩子就很容易操作了。

加了黄油的面团不黏手，可以尽情地搓揉、抛甩，小小孩非常喜欢这项工作。在揉推面团的过程中，手指与手掌分工合作，很快面团就可以拉出薄膜，小小孩说：“我们有‘机器手’，也可以做得很好。”

▸ **中场的试吃时间**

搅拌缸里传来奶酥馅的阵阵香味，小小孩露出想品尝的渴望眼神，试吃是制作面包时的中场休息时间，小孩的嘴里溢满椰子香，心里充满了期待。

▸ **把奶酥馅包入面皮里**

小小孩轻轻拍平面团后，放入奶酥球，再放上葡萄干；先拉起两个对角，将两角捏合，再拉起另两个对角捏在一起，一定要保证奶酥馅都包在面皮里。

小贴士 捏合封口，再把封口朝下，小小孩双手托起面团贴着桌面，轻轻地把面团向内收起，将不平整的面都收在面团底下。

帮小奶酥加料装点

将小奶酥面团放入烤盘，刷上蛋液后，撒上芝麻或杏仁碎。三岁女孩在面团上轻轻撒上芝麻，为面团精心装点，做起来得心应手；三岁的男孩则豪迈地大把撒落，希望吃到更多的芝麻。

鸡蛋牛奶吐司
奶酥葡萄干小餐包

鸡蛋牛奶吐司

Egg-Milk Toast

分量：2 条吐司 +8 个小餐包

	材料	重量（克）		烘焙百分比（%）	
面团	高筋面粉	810	1612	100	199
[做法 1~3]	海盐	10		1.2	
	砂糖	113		14	
	鸡蛋	162		20	
	酵母粉	15		1.8	
	鲜奶	389		48	
	黄油	113		14	

[做法]

1. 将除黄油以外的所有材料倒入搅拌缸，慢速搅拌 4 分钟后，转中速搅拌 4 分钟。
2. 将黄油切小丁加入搅拌缸，先慢速搅拌 3 分钟，再转中速搅拌 3 分钟（拉起面团一角看一下，可拉出薄膜就差不多了）。
3. 取出面团，分成大小两团（520 克 +1092 克），覆上塑料保鲜膜，室温状态下 28℃基础发酵 60 分钟。

【制作吐司 | 烤箱预热：上火 160℃，下火 230℃】

4. 将 1092 克吐司面团分切成 4 个 260 克面团（如有多余面团再均分加入分切的面团中），滚圆后覆上塑料保鲜膜，室温状态下 28℃中间发酵 20 分钟。
5. 取一块 260 克的面团，收口朝上，轻轻拍平，整成长椭圆形，再卷起呈圆柱体状。将 4 个面团逐一卷好后，覆上塑料保鲜膜松弛 5 分钟。
6. 将每个圆柱体面团收口朝上，轻轻拍平，整成长条状，同样卷成圆柱体。然后一个吐司烤模放两个圆柱体面团，覆上塑料保鲜膜，室温状态下 35℃最后发酵 60 分钟（九分满模）。
7. 将烤模放入预热好的烤箱内烤 30 分钟即成。

[要点]

· 配方里的黄油要等面团成团后再加入，面粉和液体充分混合，产生筋性，才能将黄油包覆起来。

· 面团完成后的基础发酵温度尽量维持在 28℃。低于 28℃的话，发酵时间会拉长，高于 30℃会加快发酵速度，且高温发酵的面包组织会较粗糙。

· 将分切面团滚圆，让面团有更光滑紧致的表面张力，更能包覆酵母产生的气体，整齐的外形也方便进行整形。

· 轻拍面团排气，打散气泡，让它更均匀地分布于面团中，烤好的面包才不会有大孔洞；同时，可帮助酵母交换二氧化碳与氧气，让二次发酵更完全。

奶酥葡萄干小餐包

Butter Crumble Raisin Bun

分量：8 个小餐包

	材料	重量（克）
内馅 [做法 1~4]	糖粉	145
	黄油	270
	鸡蛋	150
	奶粉	360
	椰子粉	100
	葡萄干	100

[做法]

1. 将糖粉加入黄油打发。
2. 鸡蛋打散，慢慢加入搅拌中的黄油糖霜。
3. 将奶粉、椰子粉拌入以上黄油糖霜中，放入冰箱冷藏 30 分钟，取出分成 8 个 30 克的奶酥球。
4. 将葡萄干泡水软化，沥干备用。

【制作小餐包 | 烤箱预热：上火 180℃，下火 180℃】

5. 将 P167 预留的 520 克小餐包面团分切成 8 个 65 克面团（如有多余面团再均分加入分切的面团中），滚圆后覆上塑料保鲜膜，室温状态下 28℃中间发酵 20 分钟。
6. 取一块 65 克的面团，收口朝上，轻轻拍平，然后包入 30 克奶酥球，再放上少许葡萄干，收口捏紧朝下滚圆。
7. 完成 8 个奶酥小餐包后，覆上塑料保鲜膜，室温状态下 30℃最后发酵 60 分钟。
8. 放入预热好的烤箱内烤 18 分钟即成。

[要点]

· 拌和奶酥馅，重点在于缓慢把蛋液加入打发的黄油中，完全乳化后才能再放其他材料。

· 葡萄干如果未经软化，烘烤后会有苦涩味。如果要快速泡软，可将葡萄干过一下热水再沥干使用。

制作面包比蛋糕、饼干更具挑战性，面包是需要通过时间来换取的美味。同样的配方常会因环境温度和湿度的不同、烘焙温度和时间的不同，而具有不同的风味。新手亲子面包师最适合从鸡蛋牛奶吐司配方开始练习，成品有着绝佳的弹性，是很有成就感的入门级面包。

理解面团膨胀的原因

▶ 为面团覆上塑料保鲜膜保持湿度。小小孩分出一小块面团放在量杯里，当面团长高到原来的 1.5 倍时，就可以进行下一步骤啦。

▶ 小量杯里的面团，孩子看得见长高的速度。量杯里的面团酵母浓度和大面团一样，当杯内面团长高到 1.5 倍时，就表示大面团也发酵好了。酵母在适当温度（28℃ ~32℃）下就会产生发酵作用，所生成的二氧化碳会被包覆在面筋里，慢慢把面团撑起来。如果要减缓面团发酵，就要放在温度较低的环境下。

能够完成面团分割滚圆，有等分概念

▶ 面团的重量在 65 克 ~150 克之间，对小小孩来说最方便操作。小餐包没有规定大小，还不太会看数字的三岁孩子较适合使用等分概念。

▶ 先算一下要把面团分成几等份，如果要分成八等份，就要先分一半，再分一半，再分一半，变成八块小面团，就是八等份了。大人可先做示范，其余让孩子操作。

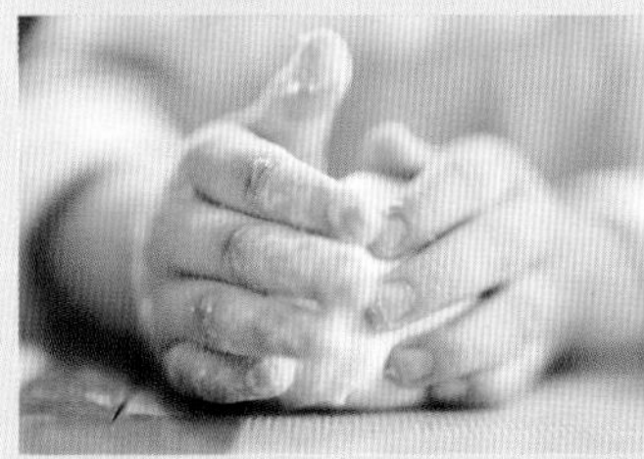

▶ 小小的手要把小小的面团变成小小的圆球。

第9课

为面包多加一点风味

揉制面包是我舒缓压力的一种方式，朋友听到时惊讶极了，怎么会有人找一个这么烦琐的事来缓解压力，还乐此不疲？

我仔细想了想，应该是酵母、面粉和温度之间的变化太让人着迷，手上揉制相同配方的面团，随着季节、温度的不同，常常在出炉时有着不同的口感与外观；我甚至觉得连个人的喜怒哀乐都会牵动敏感的酵母，这样不易捉摸的特性像极了家中饲养的猫，看似我们在驯养宠物，其实是猫在掌控着我们，服侍它、满足它的需求，酵母也一样。

居住的山城冬季寒冷，遇上寒流来袭，室内温度经常会持续低于10℃，怎样保持面团发酵所需的28℃~35℃，这经常考验着我的临场反应。为了呵护发酵中的面团，我曾经把它带进冬季里

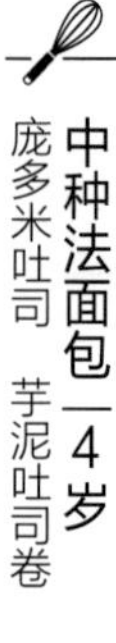

中种法面包—4岁

庞多米吐司　芋泥吐司卷

相对温暖的浴室一起淋浴，记得那次为了不让莲蓬头洒下的水淋湿面团，我还先将它层层包裹，做了万全的准备；还有一次是抱着最后发酵中的吐司烤模，钻进暖暖的被窝里，直到闻到发酵的香味才惊醒，但一切已成云烟，面团发酵到满溢，只能起身收拾残局。

冬季里制作面包的窘境，一直到有了发酵箱才改善，
但到了酷热的夏季又是另一种考验。

夏天面团常在高于30℃的室温下进行基础发酵，为了找寻家里何处有相对低温，我常举着温度计到处测量，就像拿着手机四处找寻最佳信号点一样，最后想到了一个应对的好办法——在夏季使用低温发酵分段进行，基础发酵阶段将面团放入冰箱慢慢等待，最后发酵时室温状态下就提供了刚刚好的环境温度了。

我想很多人和我一样，对面包的迷恋一旦开始，就是天长地久的爱恋。有几次长途旅行，为了担心在异地可能遇不到心仪的面包，出发前便准备了一整个登机箱的存粮，等到了有提供冰箱的民宿再冷冻起来慢慢享用。

记得有一次，我住进瑞士阿尔卑斯山上的设计酒店，当清晨面包出炉时，总会从厨房飘出香气唤醒住客的味蕾，寻味而进，找到

了准备好的丰盛早餐，每张桌上都贴心摆上一篮主厨限量制作的各式面包。每一种面包都精致无比，其中一款外皮酥脆、内里柔软的面包尤其令人惊艳，让我渴望知道这款美味的面包是怎样制成的。

它不像法棍面包那样，外皮有嚼劲，内里有孔洞，
但就是有种似曾相识又全然陌生的违和感。

“这面包怎么那么特别，它不像是法棍，也不是软餐包，外表酥酥的口感，真是好吃极了！”我真心的赞美，被旁边的美丽主厨听到了，很热情地走向我。

“喔！很开心听到你的赞美，这是我们酒店特别的配方，我们每天会出好几炉，员工餐也都供应这种面包呢！你想学吗？我可以给你配方，等会儿写好就拿过来。”美丽主厨大方无私地要和我分享，真是令人受宠若惊！

最后这热情的主厨不但给了我独家配方，还让我进入她的厨房参观，并且实际操作了一次面包制作流程让我拍照。无功不受禄的我，当然也报以一条千里运到瑞士的自制奶酥葡萄干吐司面包予以回报。

为什么这款面包吃起来这么有亲切感？回到家中找出馒头的配方进行比对，这一比就完全对上了，就是我们的馒头嘛！飘洋过海后，使用了蒸汽加烤箱，就变成另一种风情了。

小小孩的小小实验：先结合酵母

把本种材料里的酵母和水先搅拌后，四岁小孩想把室温发酵 2 小时的中种加进来，让都是酵母的部分先结合在一起。小小孩想出的小小实验，看看会发生什么变化吧？再把除了黄油块之外的所有材料都加进来。

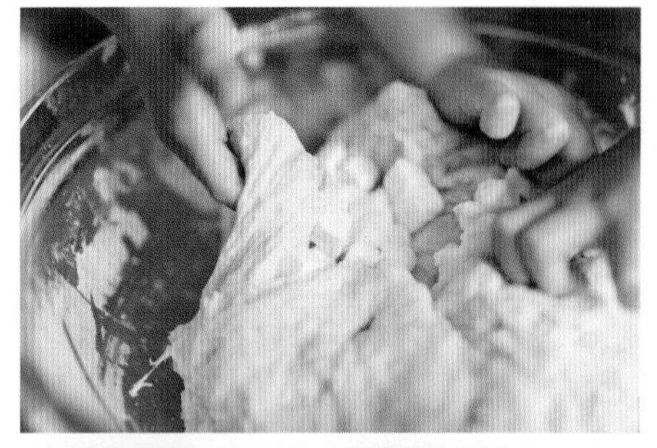

▸揉均匀：大面团包小黄油丁

在玻璃大盆里把面团压平，包入黄油小丁，三双手一起努力不让黄油跑出面团，孩子发现加了盐与黄油的面团比较不黏手，多揉一会儿黄油就不见了。

分配面团：学习数量概念

一大团的三等份各是多少？先把面团切成三份，称称看是多还是少？量多的面团就分一些给量少的，四岁小孩学习数量的概念就从分配面团开始吧。

拍打

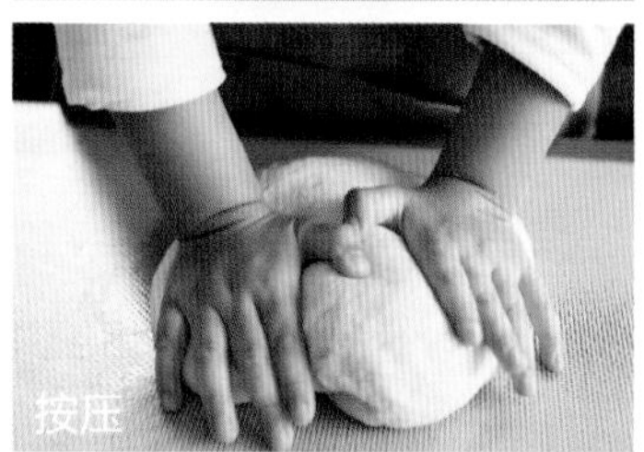
按压

折叠

出动小小孩的“机器手”

小孩也有和搅拌机一样好用的“机器手”，先整理不整齐的面团，把面团压平再向内折叠，经过几次操作后面团就变得光滑一些。小小孩很喜欢揉面团的工作，可将面团用尽全力拍打、按压、抛甩、折叠，再收成一个漂亮的圆面团。

小贴士 拉起一角检查，可以拉成一张薄薄的膜就算完成阶段工作了。

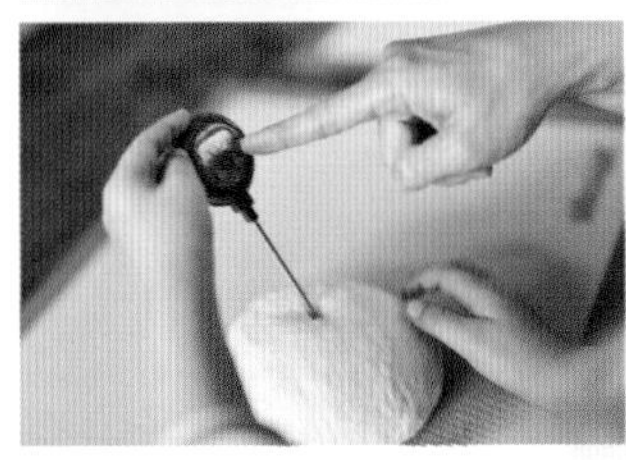

▸帮面团量温度

拿起温度计，测量面团中心温度，29℃、30℃都没关系，温度有一点高就留到下次修正。

小贴士 盖上保鲜膜，让面团自己长大。

想办法把芋头变成小块

芋头怎么变成芋泥？硬硬的芋头闻起来是什么味道？小孩说：“是一种很好闻的味道，芋泥应该很好吃。”拿起刀子把芋头切小一点，需要用力才能切下的芋头对小小孩来说是个难题，大家轮流切切看，然后试试新方法，双手用力折也能变成两半。小孩给的点子有时也会是个好方法，只要能达成目的都可以试试看。

小贴士 蒸透的芋头从硬变软，闻起来更香，拿起工具捣碎，趁热加入黄油与奶粉，硬的芋头就变成好吃的美味夹馅了。

分分合合的数学游戏

发酵好的面团要分成两等份，孩子轻拍面团，对准一半分割成两个半圆，每个半圆再变成一个小圆。面团从大变中再变小。三等份后再分二等份，那是原来的多少？分分合合之间藏着有趣的数学游戏。

内收，滚圆面团

孩子在滚圆面团时需要使用双手内侧从小指往下的肌肉，贴着桌面把面团向内部中心处收起，多练习几次，孩子就可以掌握得很好。

面团包芋泥的技巧

将松弛好的面团轻拍排气，压平，放上一团芋泥，从四边收起面团，捏紧后收口朝下，覆上塑料保鲜膜让面团松弛一下。

编织芋泥面团

除了滚圆、卷之外，面团还可以做出什么花样？小小孩可试着编织芋泥面团，将面团切成三长条，切口断面露出芋泥的紫色，从右边开始将长条分成 1、2、3 号，1 放在 2 上，3 再放在 1 上，之后拉起压在最下面的长条放到上面来，就编成面团麻花辫了，编好之后再滚成漂亮的球。

庞多米吐司
芋泥吐司卷

庞多米吐司

Pain de mie

分量：1 个庞多米吐司 + 2 个芋泥吐司

	材料	重量（克）		烘焙百分比（%）	
中种 [做法 1]	高筋面粉	630	1715	70	190.6
	酵母粉	8		0.9	
	水	378		42	
本种 [做法 2~4]	高筋面粉	270		30	
	海盐	16		1.8	
	砂糖	72		8	
	酵母粉	8		0.9	
	奶粉	36		4	
	水	207		23	
	黄油	90		10	

[做法]

1. 将高筋面粉、酵母粉混匀成团，制成中种面团，覆上塑料保鲜膜，室温状态下发酵 2 小时或放冰箱冷藏（5℃）隔夜取出。
2. 取出中种面团分小块，与高筋面粉、海盐、砂糖、酵母粉、奶粉、水一同倒入搅拌缸，慢速搅拌 2 分钟后，转中速搅拌 3 分钟。
3. 将黄油切小丁加入搅拌缸中，先慢速搅拌 1 分钟，再转中速搅拌 3 分钟。拉起面团一角看一下，可拉出薄膜就差不多了。
4. 取出面团，分成大小两团（520 克 +1040 克，因面团制作过程粘黏容器易有损耗，在配方计算时会保留点余地，另外会再多出 155 克），覆上塑料保鲜膜，室温状态下 28℃基础发酵 60 分钟。

【制作吐司 | 烤箱预热：上火 160℃，下火 230℃】

5. 将 520 克吐司面团分切成 2 个 260 克面团（如有多余面团再均分加入分切的面团中），滚圆后覆上塑料保鲜膜，室温状态下 28℃中间发酵 20 分钟。
6. 取一块 260 克面团收口朝上，轻轻拍平，整成长椭圆形，然后卷起呈圆柱体状。卷好 2 个面团后，覆上塑料保鲜膜松弛 5 分钟。
7. 将圆柱体面团收口朝上，轻轻拍平，整成长条状，再次卷成圆柱体。然后把卷好的 2 个圆柱体面团放入吐司烤模，覆上塑料保鲜膜，室温状态下 35℃最后发酵 60 分钟（九分满模）。
8. 将烤模放入预热好的烤箱内烤 30 分钟即成。

芋泥吐司卷

Taro Bread Roll

分量：2 条

	材料	重量（克）
内馅 [做法 1~2]	芋头	500
	砂糖	80
	黄油	30
	奶粉	20

[做法]

1. 将芋头洗净，蒸至熟透，趁热加入砂糖捣成泥状。
2. 把黄油、奶粉加入芋泥中拌匀，分成 4 个直径为 3 厘米的芋泥球。

【制作吐司卷 | 烤箱预热：上火 180℃，下火 230℃】

3. 将 P186 预留的 1040 克面团分切成 4 个 260 克的面团，滚圆后覆上塑料保鲜膜，室温状态下 28℃中间发酵 20 分钟（如果有多余面团可制作一个小的芋泥卷面包）。
4. 取一块 260 克面团收口朝上，轻轻拍平，包入芋泥球，收口捏紧朝下滚圆。完成 4 个芋泥面团后，覆上塑料保鲜膜松弛 5 分钟。
5. 将芋泥面团收口朝上，轻轻拍平，整成长椭圆形，用刮板切成三等份（一端不切断），将切成三等份的面条编成麻花辫状后卷起，不切断的一端当底放入吐司烤模，然后覆上塑料保鲜膜，室温状态下 30℃最后发酵 60 分钟（九分满模）。
6. 将烤模放入预热好的烤箱内烤 30 分钟即成。

[要点]

· 中种法制作的吐司有较好的保湿度，室温下放置三天都还能有很好的口感。此外，中种法很适合用来分段制作吐司，前一晚先预备好中种面团放入冰箱低温发酵，在 12 小时内使用都没问题。但超过 12 小时则会影响成品的烘焙弹性。

· 所有的吐司配方都可以自己改成中种法配方，按照烘焙比例把制作中种所需的高筋面粉、水、酵母量分出，后续再按原配方操作即可。

· 制作芋泥馅时，芋头要蒸透，才方便后续压泥。可用竹签插入进行测试，轻易穿透即可。

· 初压的芋泥看起来不够湿润，只要趁热加入黄油、奶粉就会变滑润了。

· 面团是会发酵长大的，整形时若有过多的造型，在发酵完成后都会胀大看不见，编织、切割包覆、表面剪十字开口等，是发酵面团较适合的整形方式。

· 450 克吐司烤模放的面团最佳重量为 520 克，这样烤出的吐司大小适中，± 10 克都在可接受范围。若超出太多，吐司顶部会膨胀过大，外形呈现头大身小的蘑菇状。所以多出的面团建议做一个小型芋泥卷。

面团发酵时间到底需要多久？这是个多变且有趣的问题，环境里的温度与湿度的改变是最直接的因素，不同的酵母菌种喜好的最佳温度不同，亲子一起玩发酵面团时可以记录下这不同的变化。

知道温度与发酵的关系

▶ 酵母菌在适合的温度范围内就会繁殖。温度高，繁殖快，面团里的二氧化碳增加快，膨胀速度就快；温度低，繁殖慢，面团里二氧化碳产生得慢，膨胀速度就变慢。

▶ 第一次发酵需要在 28℃ ~30℃ 的环境下；第二次发酵略高一些，在 35℃左右。小小孩的手温高，一般来说揉到面团产生薄膜大概就加温到 30℃了，和孩子一起记录完成的温度，如果完成的面团温度高于 30℃，称量好的材料就要先冷藏降温，以便在后续制作过程中保持合适的温度。

学会不同的面团整形方法

▶ 除了卷、滚圆外，编织面团会让吐司呈现美丽有趣的外形，面团里要包覆馅料，切成三长条时切面会露馅，编织后才能完全展现出漂亮的图案。

小贴士 和孩子一起完成的编织馅料吐司，会不会在烘烤过程中改变馅料颜色呢？提出一些问题让孩子观察思考，会让烘焙工作有更多的乐趣。

第10课

来自天然的馈赠

天然酵种面包——3~4岁
巧克力豆豆面包　桂圆核桃面包

在室温下放了两天的腌红肉李发酵了。

那原是为了去除红肉李的青涩味，在洗净擦干的红肉李上划几刀，随意加些红糖与微量的玫瑰盐而已。放在室内的腌李子来不及吃完，又忘记放进冰箱冷藏，两天后掀开盖子，发现表面浮着许多泡沫，皱巴巴的红肉李散发出浓浓的果香，把耳朵贴近玻璃缸会听到嘶嘶的气声，酵母菌正活力十足地释放着二氧化碳。我想，远古时期的发酵应该就是这样的吧。

原本觉得可惜了这红肉李，但转念一想，
“这不正是可遇不可求的自制酵母液吗？”

几位小小孩前些日子在学习制作水果酵母液，从去超市采买水果开始，分辨气味、清洗果皮、取出果肉、练习切成小块状，然后将不同水果分别装入消毒过的玻璃瓶，加进糖后再注入干净的水。小孩每天早晚各一次摇晃泡着各种水果的玻璃瓶时，总幻想着几日后可以得到活力十足的水果酵母液，这些天终于冒出发酵的小气泡了。

有过酵母液得来不易的经验，此时看到眼前红肉李酵母活力旺盛的景象，便立刻如获至宝地邀请小小孩围过来观看。

“这是坏掉了吗？有好多泡泡。”

三岁小男孩露出可惜的表情。

“闻起来香香的，很好闻呢！它是发酵啦！”

四岁的姐姐有过酵母液制作经验，很肯定地说腌李子没坏，应该是变成别的产品了。

“那我们来试试看，这变出泡泡的水会不会让面团长大。”

我一边说着，一边顺手拿了一个透明塑料袋，罩在瓶口，在接合处套上橡皮筋，压出空气。

“为什么要把袋子压扁呢？”

四岁姐姐看我这么做，不解地问。

“我们吹气球的时候，在扁扁的气球里面吹进空气，是不是气球会慢慢长大呢？如果一会儿我们再过来看，这瓶子上的扁袋子变大了，那就是瓶子里的果汁水有气跑出来。”

我尝试利用孩子的旧经验来说明新的现象，再让孩子眼见为凭。

“就像我们吹气把气球变大了，会跑出气的果汁水也会让面团长大。”

我拉起小男孩的手吹了一下，看他眼睛闪亮亮的，好像懂了一些。

会长大的面团对孩子来说是很神奇的，
肉眼看不见的酵母菌在面团里到底发生了什么事？

该怎么说一个让孩子可以理解的故事？“充气的概念”便是最好的说明。

“我知道了，酵母菌把水果里的糖当成食物吃下去，然后食物就变成气跑出来，跑出来的气会把袋子变大。”

四岁的姐姐联系起之前的经验，很有逻辑地解释给弟弟听。

“如果它在面团里就会让面团长大，它会再生出许多酵母菌，会吃很多东西，所以我们每天都要喂它吃点面粉和水。”

四岁的孩子在前些日子做过面包，有过面团发酵的经验，热心地总结前因后果，努力想让大家都能听懂。

小孩经历过的事情述说起来灵活生动，让人仿佛看到饥饿的酵母菌正在享用着面粉大餐呢！

1 水果酵母液

最早的面包制作出现在古埃及壁画中，或许是刚刚好的酵母孢子掉落在搅好的面糊上，遇上了刚刚好的温度，面糊就发酵长高了，倒在被太阳晒得滚烫的石板上，烤出了香香的面包。

如果发酵是随机的自然现象，我想带着小小孩去寻找散落在空气中的酵母；如果发酵是一连串的刚刚好，我想带着小小孩去体会那自然界的巧妙安排。刚刚好的酵母孢子，刚刚好的水果香，刚刚好的温度，小小孩的酵母液刚刚好要开始。

怎么来的？为什么会这样？要怎么做？

小小孩心里的疑问，要从源头开始探索。

简易水果酵母液制作

1. 将容量为500ml的玻璃容器洗净，放入沸水中煮沸3分钟消毒，取出放凉后自然风干。
2. 将任意一种带皮水果洗净，沥干水，切成边长约2厘米的小块，所需用量为填满容器1/2即可。
3. 将切好的材料放进已经过沸水消毒、晾干后的容器里，加入15克砂糖，再注入干净的水至九分满，旋紧瓶盖，充分摇晃。在室温状态下25℃阴凉处放置7天左右，每天充分摇晃一次。
4. 3~5天（视环境气温而不同）后，看到开始聚集气泡了，就要每天打开瓶盖一次，让气体释放出来。
5. 再过2天，液体开始呈现浑浊感，产生更多气泡，打开瓶盖会发出嘶嘶声，并闻到淡淡的水果香，就表示发酵完成了。
6. 滤出水果酵母液，放入冰箱冷藏。

2 酵种

小小孩把面粉加进发酵水果液里，给了酵母新的养分，变成发酵种。不会游泳的酵母需要进行搅拌，帮助其在酵种内移动；酵母吃光了食物，吐出了二氧化碳，酵种就长大了。

每天喂养的酵种是会长大的宠物，给它刚刚好的食物加上刚刚好的温度，酵种发酵力就会越来越强壮。加入面团一起搅拌，一个水果做的面包，有着迷人的淡淡水果香。

酵种制作

所需材料：高筋面粉 100 克、水果酵母液 80 克、干净容器（1.5L）

· 第 1 天

将 100 克高筋面粉和水果酵母液全部放入容器内，搅拌至无粉粒，室温下放置 1 小时，再移入冰箱冷藏。

· 第 2 天

从冰箱取出酵种，加入高筋面粉 80 克、水 64 克，混合至没有粉粒，盖上容器，放置于室温 30℃的地方，等面团胀到两倍大再移至冰箱。

· 第 3~5 天

重复第 2 天相同步骤，第 6 天即可使用，开始制作面包。

【注释】

· 水果的质量、甜度、室内温度、容器是否带有杂菌等都会影响发酵，如果发出异味或腐败即表示失败了。失败没关系，再接再厉，不要气馁，试着和小孩讨论是什么地方出了问题，改进后再试一次。

· 水果起种和谷物起种最大差异在于：谷物起种培养 5~7 天即可直接作为老面使用；水果起种需要先把带皮水果培养在液体中，5~7 天后发酵完成才能收液，混合酵母液和面粉，再培养出液种（50 克面粉 + 50 克水果酵母液，第二天起将水果酵母液改成水，以同比例“喂养”），或直接培养成便于使用烘焙百分比 80% 的酵种（50 克面粉 + 40 克水果酵母液，第二天起将水果酵母液改成水，以同比例“喂养”），方便搅拌与使用，加入任何面包配方 20% 的烘焙百分比量，都不太需要修正原有面粉比例，酵种里相对多元的菌种会带出面团不同层次的多元风味。

· 刚起的酵种要连续“喂养”三天以上，每 12 小时或 24 小时“喂养”一次，酵母才会有足够强而稳定的发酵力。24 小时“喂养”一次的酵种，尝起来比 12 小时“喂养”一次的酸；每天喂食的酵种，体积会有惊人的成长，想控制酵种的成长速度或室温超过 25℃，可以放入冰箱，借低温减缓酵母菌的分裂生殖。每天持续“喂养”面粉和水，能让酵母始终保持活力，当酵种长大的速度超过制作面包时的使用分量，或不喜欢味道太酸，可以在下次喂养时丢弃一半，或者分送他人。当然，也可以加快使用率，或是在酵种起始时从小分量开始。

· 如果发现酵种 4 小时后还未达到两倍高的体积，表示活力可能变弱了，这时可加入一些糖（用量约为高筋面粉的 5%），用力搅拌，让酵母菌恢复活力。

认识颜色，体验刺手的感觉

从超市选择制作发酵水果开始，让小小孩观察果皮外观，分辨水果的天然气味。不同的水果有着不同质地的外衣，有些滑滑的，有些有绒毛，有些摸起来会刺手，小孩很想试试刺手的感觉，大人可提供方法，让小孩戴上工作手套后达成心愿。

小贴士

超市是小小孩认识颜色的好地方，有黄、绿、红、紫，不同颜色有不同的营养。这一天，小小孩们合力提了一整篮美丽的“颜色”回家。

清洁工作要放在第一位

制作酵母液前，先做好清洁工作。玻璃容器要以沸水消毒后倒扣晾干，将工作台面擦拭干净，最后再把手认真地洗一次，以去除手上杂菌，然后才开始酵母液的制作。

抹布洗净拧干，要叠整齐对折。四岁的姐姐是好老师，示范着如何正确擦桌子，抹布用过一面，再翻到干净的另一面继续擦拭，每个地方都要擦，连角落都要仔细清洁。

皮和肉，用什么发酵

香甜的荔枝去除果皮后，把果肉剔下来，准备制作荔枝酵母液。小小孩忍不住一口接一口吃了起来，还有小孩想把好吃的荔枝种在家里，留下了种子带回家。

小贴士

在制作水果酵母液时，大部分都是连果皮一起发酵，可请小小孩帮忙洗净水果，这是他们很喜欢的工作项目。

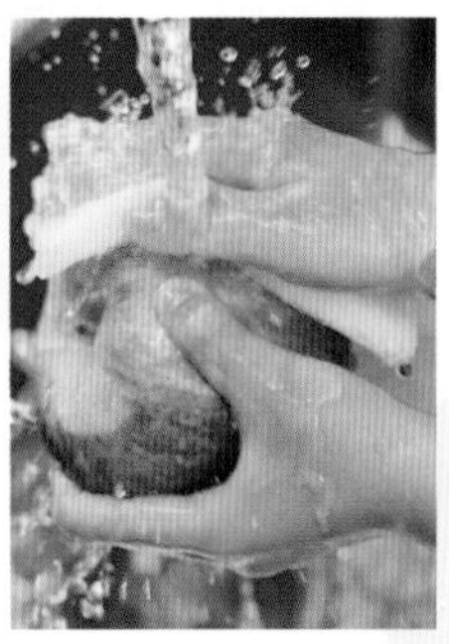

和孩子一起研究、制作酵母液时，是只需要果皮，还是连同果肉一起，也是有趣的讨论过程。不需果肉发酵的奇异果就请孩子们把它吃下肚吧！

水要加到九分满

“加入 15 克砂糖，把水注入玻璃瓶，至容器九分满。”这个概念对孩子来说太抽象了，大人可以协助把橡皮筋圈在需要的高度，等水位和橡皮圈一样高时，就是九分满了。

再用干净的长柄汤匙搅拌，盖上瓶盖，用力摇晃几次就可以了。

小贴士

5~7 天后，水果酵母液就有足够的发酵力和面粉一起制作酵种，可以开始制备纯天然的发酵面包了。

▸用意外版酵母液起种

选择发酵力旺盛的酵母液来起种，小孩挑了意外收获的红肉李酵母液，决定试试它的活力，100 克高筋面粉加上 80 克的酵母液，搅拌后让孩子观察面团长高的速度。

三岁小孩上午起的酵种，经过 4 小时已经长成两倍高了，从侧面看，已出现许多漂亮的孔洞，颜色变浅。四岁孩子下午也起了一团，刚搅拌完成的成团酵种是深紫红色的，侧面没有孔洞，与 25℃发酵 4 小时的酵种外观明显不同。时间是发酵作用所必需的，小小孩要耐心等待。

用画笔记录过程

水果酵母液是怎么做成的？四岁小小孩用画笔记录下来，切水果→搅拌→摇一摇→等待。当看到冒出许多小气泡，闻到香香的味道时，小女孩说再经过一次次的“喂养”就可以开始做面包了。

桂圆核桃面包
巧克力豆豆面包

巧克力豆豆面包

Chocolate Bean Bread

分量：6个

	材料	重量（克）		烘焙百分比（%）
硬种	高筋面粉	50		100
[做法 1]	水	25	115	50
	硬种	40		80
主面团	高筋面粉	600		100
[做法 2~3]	水	390		65
	蜂蜜	108		18
	盐	14		2.3
	酵母粉（低糖）	3	1386	0.5
	可可粉	36		6
	硬种	115		19
	巧克力豆	120		20

[做法]

1. 将硬种材料混合至无粉粒，揉成团，不须揉出筋性。放置室温状态下 21℃发酵 12 小时。
2. 将除巧克力豆以外的主面团材料加入发酵好的硬种中，混合至无粉粒，然后用搅拌机搅打至拉起面团可延展的程度，再将巧克力面团分成大小两团（约 2/3 与 1/3）。
3. 把巧克力豆加入大面团中，做成巧克力豆面团，与另一份巧克力面团各自团成团，放入 26℃发酵环境中，基础发酵 120 分钟。
4. 将巧克力面团与巧克力豆面团各自分割成 6 等份。每个巧克力面团约 77 克、巧克力豆面团约 154 克，收圆后覆上塑料保鲜膜，中间发酵 30 分钟。
5. 取巧克力面团拍平，呈长条状，放上巧克力豆面团，然后从巧克力面团两端拉起，包覆巧克力豆面团，再覆上塑料保鲜膜，放入 27℃发酵环境中，最后发酵 90 分钟。

【烤箱预热：200℃】

6. 在面团上撒少许高筋面粉，用锋利的刀在表面划两刀，放入预热好的烤箱中烤约 25 分钟。

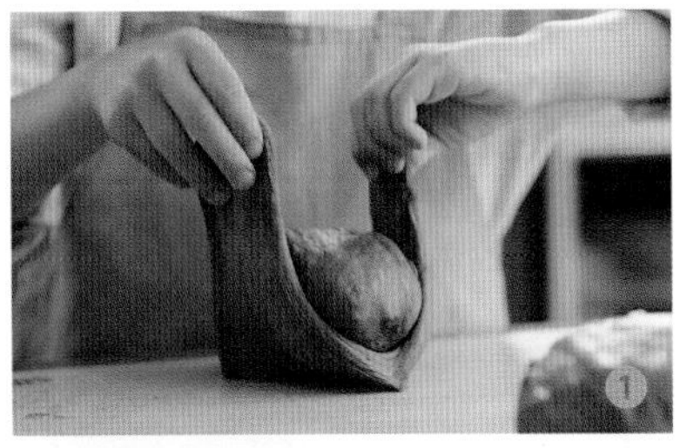

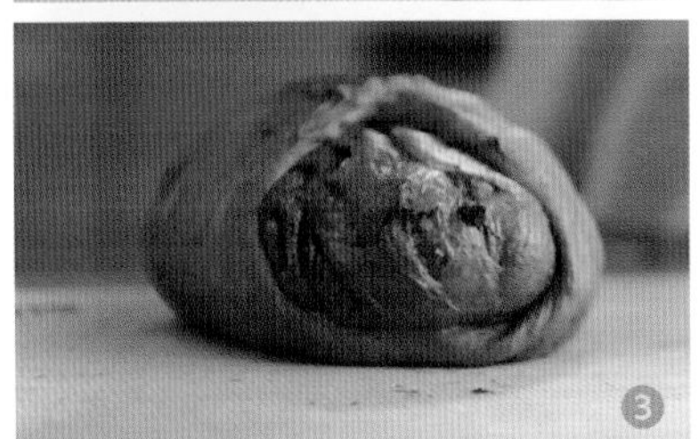

[要点]

· 配方中的“硬种”，是指将含水量 80% 的酵种转换成水含量只有 50%，在制作前一天取好需要的酵种量，“喂养”时水只要加入高筋面粉 50% 的量就可以了，这时的面团因水变少，需要用些力才能搅动。
· 此配方有加入 0.5% 的微量酵母粉，如果自己养的酵种活力稳定，也可以不用加。
· 把巧克力面团当成面皮，包入加了巧克力豆的面团，是为了避免豆豆掉落烤盘会烤焦变苦，这个方法可以应用在所有加入果干或坚果的欧包面团。
· 把硬种拆成小块，加入配方里的液体和蜂蜜，先把酵种打散。搅散的动作，和将酵种液倒入搅拌缸的过程，都可以让小小孩自行操作。

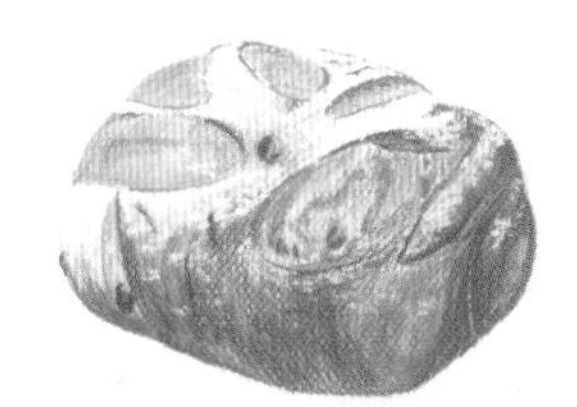

桂圆核桃面包

Longan Walnut Bread

分量：6 个

	材料	重量（克）		烘焙百分比（%）
硬种	高筋面粉	50	115	100
[做法 1]	水	25		50
	硬种	40		80
主面团	高筋面粉	600	1400	100
[做法 2~3]	水	390		65
	蜂蜜	108		18
	盐	14		2.3
	酵母粉（低糖）	3		0.5
	硬种	115		19
	桂圆干（事先泡水回软后沥干）	120		20
	核桃仁	50		8

[做法]

1. 将硬种材料混合至无粉粒，揉成团，不须揉出筋性。放置室温状态下 21℃发酵 12 小时。
2. 将主面团中所有材料加入发酵好的硬种中，混合至无粉粒，再用搅拌机搅打至拉起面团可延展的程度，团成团，放入 26℃发酵环境中，基础发酵 120 分钟。
3. 将面团分割成 6 等份，每个面团约 240 克，收圆后覆上塑料保鲜膜，中间发酵 30 分钟。
4. 取面团拍平，呈长条状，三折后收口，覆上塑料保鲜膜，放入 27℃发酵环境中，最后发酵 90 分钟。

【烤箱预热：200℃】

5. 在面团上撒少许高筋面粉，用锋利的刀在表面划两刀，放入预热好的烤箱中烤约 25 分钟。

[要点]

· 这个桂圆核桃面包是巧克力面包的变化款，去掉可可粉，加入桂圆干与核桃粒，就成了另一种美妙滋味。

· 桂圆干必须恢复柔软才能使用。使用前先用冷水泡 2 小时，确认每个桂圆干都恢复弹性，再沥干水加入面团中。

· 最后发酵时间为参考值，各家环境温度不同，应以最后发酵的面团实际发酵状况为准，当面团发酵至开始时的 1.5 倍，就可移入预热 200℃的烤箱中烘烤。

培养水果酵母液，每天都要花一点点时间去关心酵母的状况，它就像是体积迷你的小宠物。

建立时间概念

▶ 培养稳定活力的天然酵母是需要长时间等待的。从采买水果开始，到酵母液发酵完成，需要5~7天的时间。小小孩深度参与了整个过程，每天早晚摇晃瓶子时，闻一下自己的酵母液，观察它的变化。

▶ 早晚相隔了多久？是一个早餐到一个晚餐，是一天的一半，是12个小时，是每天小小孩的小小期待。

▶ 酵母在发酵过程中产生二氧化碳把面团撑大，这样的概念可以和吹气球的具体经验结合在一起。将正在发酵的水果酵母液瓶口套上塑料袋，压出空气，扎紧瓶口，一小时后二氧化碳就会充满塑料袋，把塑料袋撑得鼓鼓的。这样的具体情境可以帮助孩子理解发酵的现象。

知道如何使用酵母液制作酵种

▶ 在每一次“喂养”酵母的时间，和小小孩分享讨论制作的心得。参与培养酵母的小小孩在尝试说出完整的流程时，学到的知识就已深深存在小小孩的脑海里，看不见的酵母在看得见的面团里发酵，变成令人期待的美味。

第三部分

野外烘焙趣

带小小孩一起参与露营野餐派对筹划，分组分工，利用有限的资源，创造营地里的美丽餐桌，将学到的能力带到营地，一把火，一口锅，在野外烘焙自然美味。

Renoir
Creative
School

第11课

烘焙无疆界

用瓦斯炉玩烘焙｜3~4岁

水煎包 野菜比萨

广义上来说，离开舒适方便的厨房所做的料理都可算是野炊吧！用有限的资源完成美味，配上蓝天绿地、如茵绿草，像是大人版的家家酒。

我的野炊露营初体验是在中学时期，代表学校参加学艺竞赛，在三天两夜的活动里，除了搭帐篷、拼搭竹桌竹椅、生火做饭的团队合作是评分重点外，制作三餐、缝制女红、绘画写生、实验研究、学科笔试、体能竞技等也都是竞赛项目，十足的现代花木兰训练。五个十多岁的小女孩，48 小时内要完成这么多的事，就必须团结协作，在有意外状况发生时马上开启随机应变模式，尽快想出替代方案才能够达成任务。那是一次最有压力的野炊，但也提升了不少野外生存的能力。

长大之后，我的好朋友非常喜欢在森林野地里随遇而安地烹煮，她的车里总会有许多求生装备，包括户外做饭的装备，比如登山瓦斯炉、快速炉嘴、打火镁片、能砍树枝的斧头等，跟着一起出游总有一种可以报名参加求生节目选秀的感觉。有一次开车到花东旅行，轰轰的海浪声吸引了我们，决定在太平洋岸边就地取材野餐，我的好朋友在海边捡拾枯枝，堆石头架锅具，只用一张卫生纸、一根火柴就点燃了枯枝，烧开一锅水煮了面、煎了香肠，把地瓜和鸡蛋埋进被火烤过的热热的沙里，当面煮好、香肠煎得焦香时，地瓜和鸡蛋也刚好可以吃了。

之后的旅行，这一套炊具也会同时被收进行李里，曾经在希腊爱琴海边煎了黑胡椒五花肉，配上面包生菜做成三明治，也曾在意大利瑞吉欧艾蜜莉小镇公园煮过意大利面，更不用说数不清多少次在自家后院制作炉烤的肋排了。这些年锻炼下来，我的野炊技能也越来越娴熟，随时可因地制宜变出一道道佳肴。

如果能够有一口好锅具，再搭配适宜的调味，
在野外变出烘焙点心就不是难事。

我询问了一个朋友关于露营野炊的体验：

“我从来都不觉得大费周章把食材搬到溪边，然后费力地用打火机和报纸把枯枝点燃，再努力将石头垒成可以架锅子的灶台，有什么乐趣可言，往往这个阶段告一段落就累坏了，更不用说之后只有盐调味的菜。”朋友摇着头说。

“所以说，工具装备不够好，食材调味不多元，事前没有做功课，准备不周全啦！”我没有爱心地一股脑地数落可怜的朋友。

“说的也是事实，我从来都不知道食材可以在家先备好，选择快速方便的登山露营瓦斯炉，也不知道帐篷里可以再铺一层充气睡垫。还记得裹着睡袋睡在石头地上，怎么移动都觉得卡到小石子了，真是辗转难眠。”朋友懊恼着太晚认识我们，错失了很多亲子露营的美好回忆。

把孩子参与的时间拉长，从出发前的配料开始，
规划准备方便操作的烘焙料理包，就是有意思的学习过程。

工欲善其事，必先利其器。如果一切都变得便利些，露营是没有琐事干扰的亲子时光；如果一切都变得美味些，有天有地的厨房里有最好的饮食教育；如果一切变得有趣些，炊事帐篷里也许正孕育着未来的美食生活家呢！

“酵母粉要加进称好的面粉里吗？”

四岁的女孩正在帮忙准备材料，要在营地里学包水煎包。

“酵母粉要分开放，我们开始揉面团前，要先把酵母溶在水里，再把酵母水加进面粉里搅拌。”

我拿着白色单柄碗放在秤上，接着说：

“水也要知道加多少，我们先试试 140 克的水是到碗的哪个位置。”

小孩帮忙把水倒入秤上的碗里。

“是快要满了，有一个 1，一个 4，一个 0。”

四岁男孩帮着看数字的变化。超过两位数的数值对小小孩来说是还不能理解的概念，先让孩子练习对应数字有容量大小的经验值，等认知能力到了，自然就可以理解。

孩子在准备的过程中，已经预习了制作的步骤，大手小手开始和面、备馅、擀皮，在野地的餐桌上也可以有多元的食物样貌。

混合制备的材料

小女生合力准备拌和面皮：倒出在家准备好的材料，事先量好的所需水量装进白色单柄碗刚好九分满，孩子们轻松地把材料倒入铸铁锅，再一起用力搅拌均匀。

小贴士

水分含量56%的面团搅拌起来要费点力气，对孩子来说是个挑战，但小小孩自己会协调，或轮流，或合作，然后将面团覆上塑料保鲜膜，放在一边松弛。

清理桌面保持整洁

操作完成的桌面撒了一些面粉与小团块，要提醒孩子清理桌面，让营地的桌面随时保持整洁，小小孩的随手习惯要从小养成。

阶段性观察炒拌配料

炒香前的虾皮是什么味道？炒香完成的虾皮又是什么样？小小孩在准备配料的前中后三个阶段进行观察，味道有改变吗？颜色有改变吗？香气有改变吗？小小孩闻闻看也吃吃看。

“锅子会烫，我想请姐姐帮忙把炒香的虾皮放到菜上面。”三岁小女孩请求说。四岁的姐姐接下这个工作，练习把虾皮平移到卷心菜上。

小贴士 使用铲子和汤勺把虾皮移入玻璃盆时需要专注力，要以双手合力维持铲子与汤勺的平衡，上下不一致时虾皮就会落在桌上。

用手指检视发酵面团

发酵完成的面团是什么样子？用手指戳戳看，戳下去小洞不会回弹，就可以分成小剂子，擀平面皮，包入卷心菜馅了。

重拾旧经验：皮包馅封口

大人先示范，将面皮包入满满的虾皮卷心菜馅，再把面皮收口捏紧。孩子很想独立完成，自己制作面皮，将面皮摊在桌上，馅料放在中间，像做之前的奶酥面包一样，把所有菜馅都包在里面。孩子重拾以往的经验快速完成任务。

开中火煎包子

把包好的包子摆入平底锅，倒入油，再注入一半的水，撒上芝麻，加盖中火焖煮。中火是多大火力？小女孩蹲下来看，看过就会记得了。

拿派盘当量尺做面皮

7 寸比萨皮是多大呢？拿一个 7 寸派盘底当成模板，做成和它一样大的就是 7 寸了。小小孩反复确认大小，差了一点就再来一次。

▸平底锅加盖烤比萨

小姐弟合力将铺好馅料的比萨移入平底锅，盖上锅盖烘烤，等飘出香味大概就是翻面的时候了。

小贴士

三岁的弟弟也很想替比萨盖上锅盖，如果不影响烘烤，再让孩子试一次也无妨，实时满足孩子的学习欲望，孩子学习起来就会越来越主动。

水煎包
野菜比萨

水煎包

Pan-fried Stuffed Bun

分量：15个

	材料	重量（克）		烘焙百分比（%）
面皮	水	140		56
[做法 1~3]	速溶酵母	5	395	2
	中筋面粉	250		100
内馅	卷心菜	250		
[做法 4~5]	虾皮	50		
	胡椒盐	少许		
其他	色拉油	2大勺		
	花生油	3大勺		

[做法]

1. 将速溶酵母溶于水里，倒入中筋面粉，搅拌至无粉粒后，用双手和成光滑面团。
2. 将面团松弛10分钟，再用擀面杖擀压，卷成圆柱体。
3. 将面切成15等份，擀成小面皮。
4. 将卷心菜洗净，沥干切丝，放入筛网，上压重物使卷心菜丝出水。
5. 热锅倒入色拉油，油温起后放入虾皮，小火炒香，再加胡椒盐调味，拌入卷心菜丝。
6. 将擀好的面皮包上馅做成包子，然后整齐摆入平盘，覆上塑料保鲜膜静置20分钟。
7. 将包子放入加了花生油的平底锅，加水至包子半高处，盖上锅盖，以中火煎熟。

[要点]

· 野外烘焙备料时，除水之外的所有材料均需装袋；酵母粉、面粉事先称量装袋。
· 制作水煎包时，建议先混合搅拌面团，再利用发酵时间准备卷心菜馅。
· 虾皮先炒过，香气才会释放出来，调味时可多放点盐，拌入卷心菜丝后，馅料味道才会足。不在卷心菜丝内加盐脱水，是想包入卷心菜原有的水分，这样完成的水煎包馅料口感会更好。

野菜比萨

Wild Veggie Pizza

分量：2个（7寸）

	材料	重量（克）		烘焙百分比（%）
面皮	水	150	443	60
[做法 1~3]	速溶酵母	6		2.4
	鲜奶	15		6
	油	12		4.8
	盐	6		2.4
	糖	4		1.6
	中筋面粉	250		100
馅料	奶酪丝	250		
[做法 5]	青椒丝	适量		
	黄椒丝	适量		
	红椒丝	适量		
	洋葱丝	适量		
	西红柿片	适量		
	蘑菇片	1/2 杯		
	罗勒叶	适量		
	盐	适量		

[做法]

1. 将速溶酵母溶于水后，加入鲜奶、油、盐、糖混合均匀，再倒入中筋面粉，搅拌揉至光滑。
2. 将面团覆上塑料保鲜膜，发酵 40 分钟，然后分成两等份。
3. 取一块面团拍平，制成直径为 21 厘米的圆形面皮。
4. 准备一张烘焙纸（边长大于 30 厘米），放上做好的面皮。
5. 依序铺上奶酪丝、黄青红椒丝、西红柿片、蘑菇片、洋葱丝、罗勒叶，最后再撒上一层奶酪丝。
6. 连同下面的烘焙纸整个提起，移入预热好的平底锅，盖上锅盖，小火烘烤约 20 分钟，待侧边微金黄上色，再翻面继续烤 10 分钟。

[要点]

· 水、酵母粉和油以外的所有材料，全部事先称量装袋。如果只想制作一个 7 寸比萨或要多做，就需把材料等分量增减。
· 准备够大的烘焙纸铺在比萨下面，移入平底锅时烘焙纸要高于锅边，可方便后续提取翻面。
· 翻面前以另一张烘焙纸盖住比萨，然后取一平板或盘子盖上，快速翻转倒扣，上下包覆着烘焙纸，再把翻转过的比萨移入平底锅，烘烤 10 分钟至底部金黄上色。

翻面的技巧

每一次的露营像是重新打造一个野外的家，给小小孩任务，一起加入打造工作，把复杂的事化整为零，拆成零件慢慢组合完成。

增进团体合作能力

▶ 营地里的小小孩是好帮手，只要大人发出的指令清楚，小小孩可以合力完成许多小事。但凡搭帐篷、拉绳、钉钉、拼插桌椅，小小孩都可以做得很好，小小孩组合小小事，帮了大大的忙。

培养随机应变的能力

▶ 野地里做烘焙有很多条件限制，怎样创造一个烘烤环境？小小孩说：“把盖子盖起来就好了，就会像烤箱一样。”我说：“会一样吗？我们一起烤个比萨试试看。”

▶ 小小的火慢慢把香味烤出来了，打开一看，“比萨表面没有金黄色，靠近火的底部颜色很漂亮呢！怎么办呢？”请小小孩想办法。四岁的姐姐说：“把它翻过来再烤一次就好了！”

▶ 小孩相信只要想一想总是会有办法的，解决在工作中遇到的状况，就会增强孩子的应变能力。

第12课

野炊中的从容优雅

多一点美丽元素——3～4岁

舒芙蕾松饼 法式吐司

常会在旅行途中得到新的启发，不同的生活形态、民族特性、环境条件，孕育出各种有趣的生活美学。在心里想象多年的画面，有时是需要实地体悟的，总是在一窥究竟之后才恍然大悟，“哇！原来是这样”的感觉。

对于阿尔卑斯山、奶酪、冒着炊烟的小木屋，总会和小时候着迷的卡通片联系在一起，片中小女孩常和玩伴奔跑在衬着朵朵白云的大草坡上，晚餐是厚厚的自制奶酪放在自家烘烤的面包上，当小女孩大口咬下时，小小的我同时也咽下羡慕的口水，当时心里就想着：有一天一定要去看看小女孩住的高山小屋。

少女峰的登顶齿轨火车在蜿蜒的山路爬升，一幢幢小木屋在松树林里若隐若现，那样的迷你尺寸，看起来不像是寻常住家，就这样散落在半山腰的小土丘上。九月初秋的阿尔卑斯山区，海拔超过1000米的格林德瓦（Grindelwald）气温接近零摄氏度，冷得舒服。

开着小车前往在登山火车上看到的森林小径，想一探森林里的迷你木屋有何用途？这小径只容单线通行，看到公交车远远地从对面开过来，就要想办法在路旁稍宽广处等候会车。小心翼翼开到路的尽头，才发现这里有个奶酪集市！

一幢幢迷你木屋原来是各家村民的奶酪发酵

室，在集市进行当日开放参观，木屋门梁上挂着大大的牛铃，小小的摊位除了贩售奶酪外，还有手工面包、饼干等，都放在可爱的竹篮里，看起来可口极了！木屋、牛铃、长桌、竹篮、奶酪，冷冷的空气里有正在炖煮的浓汤，穿着传统服饰的老板热情招呼着小摊前试吃的人，山林里回荡着一种和谐的美感。

对美的感受是一种生活细节的熏陶，
要在洒扫应对进退里实现，
我带着小小孩想在营地复制阿尔卑斯山的美好娴静。

“你们看，在桌上铺上桌布是不是会比较美？”

在小孩正在布置的桌前，我拿着桌布想给一点建议。

“好呀！我们想要试试看，要怎么铺呢？是这样吗？”

几个小孩拉起桌布玩耍了起来，风把桌布角吹起，一会儿小孩们哈哈大笑起来。

“它飞起来了，我要躺在上面，不然要飞走了。”

三岁男孩给了一个躺在桌上的理由，很开心自己想到了好方法。

“我要躲在桌布底下，不然风要把我吹走了。”

四岁女孩增加想象，说着说着就钻进桌子底下了。一方桌布给小小孩带来了无限的想象游戏。

“好啦！大家一起把四个边拉好，从旁边检查看看有没有一样高，再帮忙把餐桌布置起来。”

让小小孩玩了一会儿后，我提醒孩子继续要完成的事。

“哇！桌子真的变美丽了，等一下我要在这儿和好朋友一起吃点心！”

三岁女孩两手端着刚盛出的舒芙蕾松饼和法式吐司，满眼雀跃地期待着。

“有没有人可以帮忙借些绿色的香草？待会儿要放在点心盘里。你们看，金黄色的吐司，浅咖啡色的松饼，加上焦糖色的肉桂苹果，如果可以再有一点绿色点缀就更好了！”

我边指着点到名的点心，边说出这么做的理由。

“然后，再撒上一点白色糖粉装饰，像这样轻轻地撒上一点点。”

我先示范了一盘，小孩看着越来越美的点心，很想要自己完成。

“哇！看起来好好吃，我们做得好美。”

三岁女孩真心赞美自己，拉着好朋友一起坐下来，午后的风吹走暑气，小孩排排坐着，欣赏一桌一起参与的美丽成果，不知哪个孩子起了头，开心地唱起歌来了。

“我的热情，好像一把火，燃烧了整个沙漠……”

四岁组的孩子唱起了怀旧歌曲，模糊不清的字词，配上认真稚气的脸，画面很有趣。

“怎么——去拥有一道彩虹，怎么——去拥抱一夏天的梦，天上的星星笑地上的人……”

三岁组的小小孩也不甘示弱地唱起另一首曲子，营地的点心派对顿时变成了 K 歌大赛会场。开心了，自然而然地就唱起歌来了。

小小孩通过生活经验，启发对美感的追求和认知，
接收了，并体会到了美，自然地开怀高歌。

一方桌布串起了小小孩的歌，一方桌布萌发了美的感受，一方桌布结合了天与地！美感无法用各式才艺堆积起来，也不是照教科书按图索骥就能一蹴而就，小小孩的美感教育必须贴近生活，带进大自然里去感受。

如何将营地里的餐桌融进环境？餐盘的摆设又该如何融入餐桌？教孩子对美有感觉，用眼睛、用触觉去感受，“想要变得更好、更美”，慢慢就会成为一种习惯，一种生活的节奏与态度。

▸挑战手动打发鲜奶油

小小孩有新任务了，需要拿起打蛋器把鲜奶油打到浓稠状，再加入蛋黄一起搅拌。手动打发鲜奶油要使用钢线较多的打蛋器，以上臂带动力量，手腕持续稳定地向内画圆，对三岁小男孩来说是个挑战。

一边数数，一边轮流操作

三岁孩子对数字大小排列还不准确，常会有错置情况，“60 不是在这里！它在很后面的位置。”男孩非常坚定地说着。手动打发鲜奶油，小小孩一边数数一边轮流操作完成。

大孩子细心指导小小孩

不同年纪的孩子一起工作时，可以让大孩子指导小小孩的工作，四岁的哥哥很认真地指出三岁女孩还没搅拌到的地方，孩子细心观察到的部分有时比大人还要细致。

再挑战打发蛋白

打发一颗蛋白需要快速搅动打蛋器 200 下，三岁的孩子想要试试看，第二次的打发动作比第一次打发鲜奶油要更纯熟，很快就把蛋白打到起泡泡了（呈微钩状的湿性发泡）。

小心专注，平均分配面糊

把烘焙纸铺在平底锅上，再放上做好的纸模，三岁女孩把拌匀的面糊舀起，平均分配到四个模具里，在移动到纸模时要小心专注，不能让面糊滴出来。

小贴士 也可以再次和孩子讨论均匀的概念。

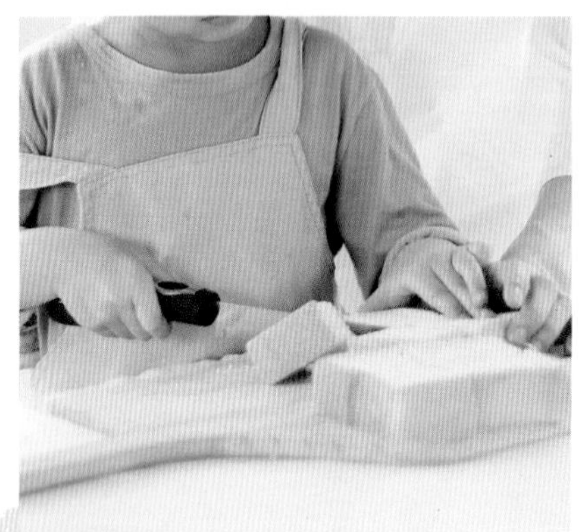

把吐司切成四等份

要将厚片吐司切成四等份，“我知道，是先切一半，再切一半。”四岁吸女孩分享了等份的意义，在相同的概念出现时，孩子脱口而出的话就是学习后理解的结果。

吐司吸满蛋液

调制牛奶蛋液，放入吐司块吸满蛋液，再将吐司块轻轻放入平底锅，用小火烤出漂亮的颜色。

从冷锅开始制作的肉桂苹果

用剩余材料做一道美味的点心，从冷锅便开始制作的焦糖肉桂苹果，让小小孩克服了对热锅的恐惧。只要多一点小心，小小孩也可以做得很好。

为点心加上美丽装饰

在白色盘子里放上刚烤好的舒芙蕾松饼，摆上两块法式吐司，再加上一点肉桂苹果，如果有些绿色的香草点缀会不会更美一些？如果撒上一点细细的、甜甜的糖粉会不会更可口一些？

舒芙蕾松饼
法式吐司

舒芙蕾松饼

Souffle Pancake

分量：4个

	材料	用量	烘焙百分比(%)
面糊	鲜奶油	60克	80
[做法1~3]	蛋黄	1个	
	牛奶	30克	40
	低筋面粉	75克	100
	泡打粉	5克	6.7
	蛋白	1个	
	砂糖	10克	13.3

【前置作业：制作4个纸模】

[DIY]
▼ 准备四张A4纸。
▼ A4纸短边对折，再对折，一端塞入另一端的折缝里。
▼ 调整直径为10厘米左右，再将烘焙纸衬入纸模内缘，略高于纸模1厘米。

[做法]
1. 用手动打蛋器打发鲜奶油至浓稠，加入蛋黄拌匀，再加入牛奶混合均匀。
2. 低筋面粉和泡打粉过筛至无粉粒，倒入混合液中，混合至无粉状。
3. 打发蛋白。先把蛋白打至起泡，倒入砂糖，继续打到呈微钩状的湿性发泡，再拌入蛋黄糊中，翻拌至均匀。
4. 取平底锅中火加热，放入做好的4个纸模，再倒入面糊至六分满。
5. 用竹签划开面糊表面气泡，盖上锅盖，小火烘烤30分钟。
6. 待面糊表面变干，插入竹签未粘上面糊，再翻面烘烤10分钟。
7. 摆盘前去除纸模，将舒芙蕾松饼盛盘。

[要点]

· 舒芙蕾松饼是一款可使用平底锅烘烤的简易蛋糕，由于只有单面受热，整个过程必须小火加盖，保持烘烤温度。
· 舒芙蕾松饼的特色就是要有些许厚度，搅拌面糊前要先制作纸模。材料可用A4纸或锡箔纸，而锡箔纸模侧边受热效果会更好。
· 烘烤时间会依纸模大小与倒入面糊高度略微增减，可依竹签插入有无粘上面糊作为判断依据。

法式吐司

French Toast

分量：8块

	材料	用量
牛奶蛋液	鸡蛋	2个
[做法1]	牛奶	120克
其他	厚片吐司	2片
	黄油	少许

[做法]

1. 将鸡蛋打散至略起泡，加入牛奶搅拌均匀。
2. 将每片厚片吐司都切成四等份，浸入牛奶蛋液，约1分钟后翻面。全部面包块都要吸满蛋液。
3. 中火加热平底锅，先在锅面薄薄抹上一层黄油，再放入吸满蛋液的吐司块，加盖，以中小火烘烤。
4. 约2分钟后检查吐司底部，烤至金黄即可翻面，加盖烘烤另一面。
5. 然后掀开锅盖，把吐司块每一面都烤至金黄上色。

[要点]

· 这是做法简易又好吃的吐司加工料理，一片厚片吐司可吸收约120克牛奶蛋液，即每片吐司需要准备的蛋液量约1个蛋加60克牛奶。
· 吐司吸满蛋液后加盖烘烤，蛋液会在吐司中凝固，烤成金黄色的微焦表面，把蛋液都锁在面包块里。
· 喜欢甜味者可在表面淋上蜂蜜或撒些糖粉。
· 若想做成法式吐司三明治，就不需要把吐司切成四等份，可以整片浸入蛋液，直接烘烤至两面金黄，再夹入喜欢的馅料。

小小孩在铺着白色亚麻桌布的桌面上练习为自己的点心做装饰。和风徐徐，绿草如茵，孩子抬头看见刚好飞过的鸟群，举起装满牛奶的玻璃瓶，想和鸟儿也干一杯！

增进对美的感知力

▶ 小孩支好的桌子铺上桌布会好看一些吗？铺上桌布是平整的，会更好看一些吗？在工作中常和小小孩讨论这样的美感话题，然后让小孩起身动手试试看。

▶ 平整的桌布，在折起收纳时要注意什么呢？对齐四角，拉平底部，用手抚平顺再收起。美感熏陶都在日常细节里，多一点细心，就会多一点美丽。

培养主动帮忙的精神

▶ 孩子是营地里的好帮手，和大人一起完成搭设遮阳篷，大大的遮阳篷拉起孩子满满的自信。“我还可以帮什么忙呢？”小小孩抬起头问着。小小孩可完成的部分就交给他们负责，没有时间压力的营地假期，就让孩子慢慢学习。

当烘焙的主角是穿着围裙的小孩时，
当面团遇上肥嫩的小手时，
烘焙时光成就了无限的期待，
这 12 堂的烘焙课程落幕了，
谢谢映萱、绍敦、徐尧、牧婕、于平、依珊、映辰，
让这 12 堂课留下美好的印记，
一起将这美好揉进你我的生命里！

Thank you for visiting Renoir's Lovely Kitchen.